電力システム改革の検証

開かれた議論と国民の選択のために

山内弘隆・澤 昭裕 ────────［編］

東京 白桃書房 神田

はじめに

　東日本大震災はわが国の社会経済システムのあり方についてさまざまな疑問を投げかけた。社会全体でのリスク管理、災害に強い都市・地域・国土構造の構築、自然災害が生じた場合の復旧・復興のシステム、等々。なかでも電力供給体制については、福島第一原子力発電所事故とその後の計画停電、夏の供給危機の問題、被害者の避難・救済と補償の問題、廃炉のあり方、周辺地域の放射能汚染とその除染問題、汚染水の漏出等が国民的関心事となり、供給主体たる東京電力の経営体制、さらには電力供給システムのあるべき姿についての論議が惹起された。

　震災後、2011年12月20日には、総合エネルギー調査会基本問題委員会において論点整理が公表され、「大規模集中電源に大きく依存した現行の電力システムの限界が明らかになったことを踏まえ、今後は、需要家への多様な選択肢の提供と、多様な供給力（再生可能エネルギー、コジェネ、自家発電等）の最大活用によって、リスク分散と効率性を確保する分散型の次世代システムを実現していく必要がある。また、こうした分散型のシステムを盤石にするためにも、送配電ネットワークの強化・広域化や送電部門の中立性の確保が重要な課題である」との基本的方向性が示された。

　政府は、この基本的方向性を受けて、2012年1月望ましい電力供給システムを議論するための「電力システム改革専門委員会」を設置し本格的な議論に入った。同専門委員会は半年後の同年7月に8回の議論を経て基本方針を明らかにし、さらに4回の議論を経て2013年2月に報告書をとり纏めた。その内容は、広域的系統運用機関の設立、小売の完全自由化（地域独占の撤廃）、卸規制の撤廃と卸電力市場の活性化、発送電分離による競争の促進を主たる内容とするものであり、一連の改革のタイム・スケジュールが明示されていた。この変更を盛り込んだ電気事業法改正案は2013年の通常国会に上程され、同年秋の臨時国会において成立。電力システム改革が本格的に動き出すこととなった。

言うまでもなく、震災によってさまざまなライフラインが被害を受け、市民生活にとって深刻な影響がもたらされた。これに対し、電気、ガス、上下水道、放送等この分野を主たる研究対象としている公益事業学会では、石井会長（当時）を中心に専門の研究者の立場から、災害を念頭に置いたこれら事業のあり方について集中した分析を加えるべきであるとの意見が出された。学会はライフライン部門のシステムのあり方をキーワードに、対象分野ごとに有志からなる研究会を設置して議論を進めることとした。本書は、この研究会の議論をもとに体系を整え、その成果を世に問うものである。

　本書の目的を一言で表現すれば、電力システム改革という枠組みで議論されている制度変更の内容が適切に機能するのか否か、具体的制度面で矛盾や落とし穴が潜んでいないか、予想される市場の構造変化がどの方向に向かうのかについて議論することである。電気事業における制度改革、競争導入は欧米において先行しさまざまな知見が得られている。わが国でも、1995年の卸電気事業者（IPP：Independent Power Producer）制度導入を皮切りに、2000年以降の大口部門の自由化、発電部門の新規参入の拡大と調達電源の多様化を目指した有限責任中間法人電力卸取引所の設立、そして特定規模電気事業者（PPS：Power Produce and Supplier）制度等競争導入が進められてきた。その集大成が、震災を機に実施されることとなった今回のシステム改革であろう。

　しかし、われわれの情報によれば、欧米の制度改革は必ずしも手放しで喜べる結果をもたらしたわけでなく、逆に数々の矛盾や問題点が露呈する結果をもたらしたとされている。カリフォルニアの大規模停電は初歩的な政策判断のミスであるにしても、巧みに制度設計されたはずの米国や欧州の自由化市場でも価格は上昇傾向にあり、市場構造の寡占化が目立っているように思われる。

　もちろん、価格の上昇のみをもって政策の失敗を言うことはできない。欧米の自由化の成果が注目された2000年代の半ばは、急激な原油価格の高騰に象徴されるようにエネルギー価格にインフレ圧力がかかった時期であり、そ

のような要因を無視して最終価格の上昇を非難することはできないし、その点で自由化があったからこそ電力価格の上昇幅が圧縮された、との立論も可能だ。一方で、市場の働きに注目すれば、発電と消費がほぼ同一時点で行われる電力の場合、取引の特殊性から競争を機能させるための制度設計が極めて微妙、繊細でなくてはならないこともまた事実であろう。

　例えば、欧米で大規模に展開されている卸電力市場では、しばしば価格のスパイクが見られる。生産消費の同時性から、スパイク自体はある程度避けられないものであるとしても、その価格と最終価格との関係のあり方次第では最終消費者の利益が損なわれる可能性がある。また、同じく生産消費の同時性から、市場において価格競争が機能するためには、顕在化した需要を上回る供給の予備力が必要である。しかし、このようなオプショナルなデマンドを前提とした投資は、通常の市場における経営判断では確保することが難しい。だとすれば、供給予備力を経済合理的に供給するメカニズムが考案されねばならない。

　繰り返すが、本書は、このように微妙かつ繊細な制度設計を迫られる電力市場について、若干の研究蓄積と研究者相互間での議論を通じてわれわれなりの知見を示すことを目的とする。新しい制度がスムーズに運営され、競争上のメリットを最終消費者にもたらすために何が必要か、われわれのチャレンジはこれをできる限り詳細に解明することである。

　本書の作成にあたってさまざまな方にご協力いただいた。上記のように、特に公益事業学会には研究会の設立をお認めいただき、運営のためのご支援をいただいた。ここに記して感謝する次第である。ただし、本書の内容は、言うまでもなく公益事業学会としての総意を示すものではなく、また含まれるべき誤りについても執筆者の責任であることを明記する。

2014年12月

山　内　弘　隆

目　次

はじめに

第1章　電力システム改革をめぐる議論　……………………… 1

1-1　「市場・競争」と「安定供給」——————————————— 1
1-2　わが国で問題となる論点————————————————— 4
1-3　電力システム改革を考える視点—————————————— 7
　　　コラム1：広域系統運用機関（9）

第2章　発送電法的分離とは何か　……………………… 13

2-1　発送電分離をめぐって——————————————————13
　　2-1-1　発送電分離とは　13
　　2-1-2　ネットワーク産業のアンバンドリング：電気のケースの特質　16
　　2-1-3　発送電分離の検討に必要な論点　17
2-2　垂直統合の経済性————————————————————18
　　2-2-1　垂直統合の経済性の概念とその源泉　20
　　2-2-2　垂直統合の経済性の先行研究とそこからの示唆　23
2-3　日本における発送電分離の議論——————————————24
　　2-3-1　2013年時点での日本の発送電分離（会計分離＋行為規制）　24
　　2-3-2　電力システム改革における発送電分離議論　25
2-4　法的分離の下での安定供給確保——————————————30
　　2-4-1　分離後も発電と送配電は緊密な協力が必要　30
　　2-4-2　電気の需給調整とは　31
　　2-4-3　垂直統合体制下の需給調整　31
　　2-4-4　新電力による需給調整　32

2-4-5　法的分離後の需給調整　34
2-4-6　ヨーロッパにおける周波数変動問題　37
2-4-7　日本での法的分離検討に求められること　40
　　　コラム2：発送電分離と停電（42）

第3章　小売全面自由化とは何か　47

3-1　限界費用料金制度の構造―消費者利益の検討―――47
　3-1-0　はじめに　47
　3-1-1　時間帯別需要と支払い意欲　48
　3-1-2　時間帯ごとの消費者余剰　50
　3-1-3　発電の規模の経済性　52
　3-1-4　電気事業のコスト構造　53
　3-1-5　RORによる料金　54
　3-1-6　SMCによる料金　57
　3-1-7　消費者の視点からのRORとSMCの比較　60
　3-1-8　具体的な数値例　63
　3-1-9　まとめ　64

3-2　日本の小売全面自由化後の問題―――65
　3-2-1　競争状況を左右する規制料金の水準　67
　3-2-2　料金メニューの多様化の可能性　67
　3-2-3　需要家の選択行動に伴うコスト　68
　3-2-4　需要家間の格差や自由化のメリットを受けられない需要家　69

3-3　需要家と事業者の関係変化―――69
　3-3-1　現状での家庭用需要家と電力会社との契約関係　70
　3-3-2　需要家にとっての契約の相手方　71
　3-3-3　契約の内容の規定の方法　72
　3-3-4　その他の課題　72

第4章　供給力確保と容量市場 ……………… 75

4-1　英国の電力自由化と供給力確保に向けた改革 ——— 75
　4-1-1　英国が直面する電源不足と小売料金の高騰　75
　4-1-2　低炭素化と設備増強を狙う電力市場改革（EMR）　77

4-2　顕在化するミッシングマネー問題 ——— 79
　4-2-1　電気事業固有の問題　79
　4-2-2　ミッシングマネー発生をモデルで示す　83
　4-2-3　現実の市場はどうか：テキサスERCOTの事例　88
　4-2-4　ミッシングマネーを補う容量メカニズム　92

4-3　容量メカニズムの先行事例 ——— 93
　4-3-1　容量メカニズムの概要と種類　93
　4-3-2　容量支払　95
　4-3-3　戦略的予備力　96
　4-3-4　容量市場　97
　4-3-5　まとめ　99

4-4　わが国における容量メカニズム設計に向けて ——— 100
　4-4-1　電力システム改革の中の容量メカニズムの位置づけ　100
　4-4-2　容量メカニズム導入の目的と意義　101
　4-4-3　日本における容量メカニズム検討の進め方　103
　4-4-4　容量メカニズムの制度の流れと論点　104
　4-4-5　kW総義務量をどのように決めるか　106
　4-4-6　kW総義務量を小売事業者にどのように配分するか　107
　4-4-7　kW価格をどのように決めるか　107
　4-4-8　kWの実効性をどう判断するか　110

第5章　ドイツのエネルギー政策の理想と現実
　　　　　―自由化・再エネ・脱原発― ················· 113

5-1　ドイツのエネルギー政策を取り上げる理由と注意点―――113
5-2　ドイツの一般的事情―――114
5-3　ドイツの電力システムとEUの動き―――115
5-3-1　EUの電力市場自由化を促す動き　116
5-3-2　EU共通の気候変動・エネルギー政策　116
5-4　ドイツの電力自由化の経緯と効果―――118
5-4-1　電力自由化の経緯　118
5-4-2　電力自由化による電気料金引き下げの効果は見られるか　119
5-5　"Energiewende"の理想と現実―――121
5-5-1　再生可能エネルギー導入の状況　122
5-5-2　再エネ導入により温室効果ガスの排出削減効果は確認できるか　124
5-5-3　再エネ賦課金の国民負担　126
5-5-4　再エネ大量導入によるコスト：送電線整備の必要　129
5-5-5　再エネ大量導入によるコスト：自由化市場の競争電源と優遇措置で守られる再エネとの同居は可能か　131
5-5-6　「グリーンジョブ」の実態　133
5-5-7　「脱原発」の経緯と現状　135
5-5-8　ドイツの"Energiewende"の今後　137

第6章　電力新技術とその仕組み ················· 139

6-1　電力新技術の登場―――139
6-1-1　電力システム改革と並行する電力新技術革新　139
6-1-2　わが国での注目は震災が契機　140
6-2　再生可能エネルギー―――141

6-2-1　再生可能エネルギー技術と政策支援　*141*
　　6-2-2　再生可能エネルギーと安定供給　*142*
6-3　需要サイドの技術革新—見える化技術とデマンド・レスポンス—*148*
　　6-3-1　スマートメーター、見える化、ビッグデータ　*148*
　　6-3-2　供給力としてのデマンド・レスポンス　*151*
6-4　蓄電池・電気自動車 ——————————————————— *153*
6-5　電力新技術の展望と可能性—スマート技術の展望と可能性— —— *155*

第7章　原子力発電とシステム改革 …………………… *157*

7-1　わが国原子力発電の歩みと福島第一原子力発電所事故 ———— *157*
　　7-1-1　わが国原子力発電の歩み　*157*
　　7-1-2　東日本大震災が残したもの　*158*
7-2　電力自由化と原子力発電の関係 ——————————————— *159*
　　7-2-1　原子力発電の特性　*159*
　　7-2-2　自由化諸国の工夫　*161*
7-3　わが国原子力発電のゆくえ ————————————————— *162*
　　7-3-1　わが国電力システム改革と原子力　*162*
　　7-3-2　わが国原子力発電の持続性確保の条件　*163*
　　7-3-3　国民的選択に向けて　*164*

あとがき

第1章

電力システム改革をめぐる議論

1-1 「市場・競争」と「安定供給」

　電気は、人類が現在手にしているエネルギーの中では、光、動力、熱、情報等にと最も応用範囲が広く、設備さえあれば安全に、大量・高速に運ぶことができ、かつ技術的に正しくさえあれば地球上のどこでも同じように使うことができるほとんど唯一の万能エネルギーである。その電気の産業としての歩みを見ると、歴史的には19世紀末から20世紀初頭のベンチャー期、その後事業の拡大のために巨大な資本が必要となって国や民間がその出資者となった1920年代の統合期を経て、米国や日本では主として民間資本による規制産業として、欧州やその影響下にあった世界の多くの地域では主として国営公社として営まれ、20世紀を通してあらゆる近代産業の中でも類ない成長と成功を収めてきた。その長い間、わずかな例外地域・期間を除けばこの産業は世界中で政府による計画または当局による規制の下、産業組織で言えば小売独占の下で必要費用を算定され、消費者から料金として回収されて運用されてきた。

　さらにその産業構造内部を見ると、1920年代後半から広い地域で、数多くの発電所を使って電気が送られるようになって以降、設備の効率運用の観点から発電機の集合による「メリット・オーダー」[1]と呼ばれる疑似的な競争（時間帯別に最も費用の低い組み合わせで電気を作り、送る仕組み）の仕組みや、小売市場を独占している者は独立した発電事業者から相対交渉で電気

を買い取る仕組みが古くから使われていた。また一方で、小売市場は小売独占によって消費者の選択にさらされないため、たとえ生産性の低い電気の作り手がそのままかかった費用を小売価格として消費者から徴収しても、消費者はそれを支払うしかなかった。

　私たちがこれから論じようとしている「電力システム改革」とは、この電気を作り、送る産業の内部に存在している市場（一般の市場では卸市場にあたるもの）、あるいは存在していなかった消費者の選択による市場（一般の市場では小売市場にあたるもの）をこの産業の仕組みの中に導出しようとする試みのことである。その点において、かつて規制の下にあった産業に市場のメカニズムが導入された通信や運輸といった産業と電力は同じ文脈の中にある。有線・携帯電話、航空、鉄道でできた市場メカニズムの導入は当然電力の世界でも可能で、有効であるという考え方があり、ある条件下で電力においても競争の仕組みが大きな効果をあげうることも確かである。

　しかしながらその一方で、世界のどの国・地域においても「電力システム改革」の企画・実行にあたって「市場・競争」をこの産業に導入することと、電気が人類にとって唯一無二の万能エネルギーであることに起因する「安定供給」を維持すること、それは電気の品質や停電確率であったり、価格の安定性であったりさまざまなケースがあるが、このふたつの相互関係、相克がこの産業の宿命的な論題となっており、通信や運輸といった他の公益事業にない特徴があることも事実である。

　電気以外の通常の財、例えば通信や航空といった公益事業であろうと、在庫のある鉄鋼や化学品であろうと、あるいはタクシーやホテルといったサービスであろうと、規制の下でかかった費用に基づいて価格を算定していたものを、規制を外し、自由に参入や価格設定ができるようにした場合、価格については需給によって上昇する場合と下降する場合があるものの、それらの

1　電力の系統運用では、予測される需要に対して時間帯別に発電する発電機（ユニット）を決定して実際の需要に合わせてそれを加減させるが、その際には全体のコスト（燃料費等）が一番安くなるようにコストの低い（メリットのある）発電機から順番（オーダー）に並べて決められる。

財・サービスの供給自体が規制撤廃によって妨げられる可能性はほとんどない。財・サービスに需要がある限り、供給力に対応して価格が変動することで需給の不均衡は調整され、瞬時に需給の不均衡は在庫や設備稼働率によって調整される。稀にホテル業においてはお盆や正月に残室がなくなりサービス価格が高騰するケース、航空業において満席になるというケースがあるが、この場合相当部分の消費者には「ホテルに泊まることをあきらめる」「航空便による移動を別の時間帯にずらすか、あきらめる」という選択肢があり、その選択肢による需要減少で需給は調整される。また、年末年始の一定の時間や特定の通信集中時には携帯電話の不通は珍しいことではないが、その場合はすべてが不通になるのではなく、容量の範囲内で通信サービスは提供されている。

しかしながら、電気のような万能エネルギーにおいて、規制を外し、価格を自由に設定した場合、場合によっては電気の供給自体が持続可能でなくなるケースがある。ホテルでいう「泊まることをあきらめる」という選択肢をとる消費者が極めて少ないため、制度の設計次第によっては価格が無限に高騰したり、自由な経済活動の結果電気の売り惜しみが起こって供給自体ができなくなるケースが現れうる。またその場合、電力ネットワークの性質上すべての電気が使えなくなるので、通信の場合と違って社会全体が甚大な影響を受けることになる。2001年の米国カリフォルニアで起こった市場の混乱[2]による電力供給システム崩壊はまさにこの例である。

一方、世界の国・地域の中で国営企業改革に並行して電力改革を行った英国、国家間の電力融通システムを拡大して広域電力市場を形成した北欧、安定供給のための電力会社の連携体制をそのまま独立した系統運用・市場運営組織（ISO≒独立系統運用組織[3]）とした米国のいくつかの州のように、価

2　1998年から電力会社のすべての発電機売却によって単一価格プール市場を作り、小売を自由化したカリフォルニア州では、発電プレーヤーの価格操作や系統運用ルール悪用が横行し、結果として2002年春にシステム崩壊、慢性的な停電が起こり、制度も崩壊した。
3　米国にはPJM、ニューヨークISO、ニューイングランドISO、ERCOT（テキサス）、カリフォルニアISO、ミッドウエストISO、サウスウエストISOの7つの独立系統運用組織があり、それぞれの地域の系統運用を旧電力会社から引き継いで広域で行っている。

格の低下は必ずしも見られないものの、自由化システムと電気の安定供給を両立させている地域もある。

1-2 わが国で問題となる論点

　そうした「市場・競争」と「安定供給」の相克、という視点で振り返った場合、わが国は英国をはじめとする欧州や米国の一部の州で電力システム改革が始められた1990年代以降、世界の中では極めて漸進的に、「安定供給」重視のシステム構築を行ってきた。1996年に導入された卸発電事業者制度[4]は国内の10の電力会社（北海道・東北・東京・北陸・中部・関西・中国・四国・九州・沖縄）の小売独占を是とした上で、その発電部門の効率性を上回る発電事業者（それはすでに発電所用地を持っていたり、自家発電の経験を持つ素材型産業やエネルギー産業を中心としていたが）に門戸を開くものであったし、続く2000年からの小売自由化も、あくまで安定供給を担う10電力会社の存在を前提としながら小売市場に新規参入を認めるものであった。一部であれ小売独占市場の範囲（例えば家庭用市場を含む低圧顧客）を10電力会社が持っていれば、安定供給義務や供給予備力確保（想定される需要をしっかり賄えるだけの余力の保持義務）も一義的に10電力会社だけが持っている、という形が可能だったからである。

　そうした中、2011年3月に東日本大震災が起き、わが国の電力システム改革は大きな局面展開を迎えることになった。東京電力の福島第一発電所が被災地に大きな影を落としたことはもちろん、太平洋岸の火力発電所の大規模被災によって供給力が絶対的に不足したことによる首都圏計画停電[5]の実施、夏の需給危機に伴う節電の呼びかけ等、福島第一発電所事故の影響に起因す

---

[4]　電力会社の行う入札によって選ばれ、10年程度の相対契約を結び、長期にわたって発電ビジネスを行う企業。鉄鋼、化学、都市ガス等が参入した。
[5]　2011年3月の東日本大震災の翌週、3月14日から2週間にわたって実施された地域別に計画を事前に周知した広域停電。

る原子力発電への国民的反発等を経て、当時の政府が立ち上げた議論の場（電力システム改革専門委員会）では、震災から1年余りを経た2012年7月に「基本的方針」をとり纏めた。ここで議論されたことは主に「市場メカニズムを使った需給調整機能の強化」「家庭用顧客を含む競争の活性化」「送配電部門の中立化」の3つであり、それからいくつかの経緯を経て現在の電力システム改革論議では主に、

(1) 家庭用の消費者による電力会社の選択を始めること（小売全面自由化）
(2) 電力需給の安定と送配電制度の透明化のために、全国レベルの電力ネットワークにかかわる組織を作ること（全国広域系統運用組織の設置）
(3) 10電力会社の市場シェアが大きいために欧米諸国に比べてあまり使われてこなかった卸電力市場の活性化を通じて競争の活性化を図ること
(4) 電力会社のネットワーク部門の中立化をより徹底するための電力会社の法的分離（分社化）検討

が論点となっている。

しかしながら、それぞれの論点には内在する問題がある。まず(1)の小売全面自由化については、わが国のように資源のない島国で、電力会社を規制下から解き放った場合、消費者に選べるだけの新規参入者が現れ、幅広い消費者にとって選択可能な小売電力市場ができるのかという課題があり、いかにして「選べる」市場を多くの消費者にメリットがある形にできるかがポイントになる。次に(2)の全国広域系統運用組織については、「この組織が目指すのは何か」ということがはっきりしていないという課題がある。世界の電力産業のうち、米国の自由化地域では広域系統運用単位で纏まって安定供給を図る広域システムであるISO（独立系統運用組織）が安定供給を担い、系統運用とネットワーク所有が分離しているが、今回のわが国の改革案ではそのふたつが一体のまま運営する欧州の方式が選ばれた。最終的な自由化システムと安定供給の両立に向けたわが国がどのような姿を目指すかは今後の動向

から見極めていくことになる。

　(3)の卸電力市場の活性化については、自社電源をあまり持たない新規参入者（新電力）からの要望が強い項目であるが、そもそも系統運用の常識から考えて、10電力会社は電気事業の鉄則であるメリット・オーダーで電源を利用して9割以上の顧客に供給している以上、現在の市場や制度の枠組みでは10電力会社が自社需要に電気を供給するのに使われた一番高いコストの電気よりもさらに高い電気しか市場には投入されない。そのような電気で形成される市場にそもそも競争活性化への貢献など期待できるのか、逆に全量がISOの運営する市場で取引される米国パワープール[6]の方式、電気事業者以外のプレーヤーがリスクヘッジのための先物やデリバティブ含めて常に大量の取引を行う欧州の方式から学ぶべきものはないかを引き続き検討していく必要がある。

　(4)の電力会社の法的分離については、もしも現在10電力会社が何の不正行為もしていないとすれば、あくまで透明化の説明力を高めるだけで、競争活性化には何の効果ももたらさない。にもかかわらず、法的分離によって10電力会社の財務ポジションが悪化し、調達金利が上昇するような事態になれば、結局は大層の電力消費者の支払いに転嫁されることにならざるをえない。

　また一方で、市場の自由化に新たなビジネスのイノベーションが現れうることも事実である。わが国には自国資源がなく、太陽光や風力といった再生可能エネルギー面でも世界の中で地理的条件が劣位であるため、発電コストでそのほとんどが決まる電力価格が自由化によって大きく低下するのは難しいが、他のサービスや制御技術と組み合わせた今までにない形での電力小売への参入が顧客満足を上げ、ビジネスとして成功するものも出る可能性がある。

---

[6] 米国のISOのうち、PJM、ニューヨーク、ニューイングランドの3つは、すべての発電機への発電指令をパワープールISOが運営する市場の入札結果のみによって運営し、すべての運転指令をISOが一括して行う方式をとっている。パワープールではないテキサスやカリフォルニアでは、市場入札しない電気を電力会社がISOに系統運用依頼することが可能である。米国のパワープールISOには容量市場が作られている。

このように、わが国で特に問題となる電力システム改革の論点とは、「市場・競争」の本来の効用である競争のダイナミズムや価格低下効果、あるいは新たなビジネス創出による顧客の満足といったプラス効果のうち、わが国独自の事業構造や国土によって決まっている資源構造によって期待できない面、それでも期待できるかもしれない面をどう見極めるか、あるいはその代償として支払わなければならない価格の不確実性や安定供給へのリスクをどの程度に評価するかが極めて判別しにくいことに由来していることになる。

1-3　電力システム改革を考える視点

　この「わが国独自の事業構造や資源構造に沿って電力システム改革を進める」ということは、実は世界各国で進めてきていることでもある。EU主導の「市場・競争」が電力改革のエンジンとなっている欧州でも、自国資源が豊富で需要の伸びが小さい英国による「国営公社を解体し、主として外国資本に売却する」という極端な手法と、自国の資源がないフランスによる「国営公社EdFを堅持し、原子力を強力に推進する」という比較的緩やかな手法では電力システム改革の姿が大きく違っている。また同じ米国でも燃料資源と風力に恵まれ、大胆な改革を進めたテキサス州と、安定供給のためのルールを優先するPJM[7]をはじめとするパワープールを採用している北東部の諸州、独占維持で圧倒的な電気の低価格を続ける東南部諸州[8]も、それぞれの市場に従った選択をしている。

---

[7] ペンシルバニア、ニュージャージー、メリーランドの3つの電力会社が1927年に設立した安定供給のための系統運用の協力組織が長い時間をかけて広域化した米国最大のISOであり、現在の規模は13州＋コロンビア特別区にまたがり、800社以上の会員（事業者）、6000万の顧客、設備量は1.8億kWにのぼる。

[8] フロリダ、南北カロライナ、ジョージアといった州には、それぞれFPL（フロリダ・パワー・アンド・ライト）、デューク・エナジー、サザングループ（旧ジョージア・パワー）といった優良電力会社があり、電力価格も低く、近隣州の電力会社との競争を想定した経営改革・コスト低減にも継続的に取り組んでいるため、州政府は不確実性のある電力自由化を政策手段として選択していない。

つまり、例えばこの本の読者がわが国の電力システム改革を考え、自分なりの電力システム改革論を組み立てる際の必要な文法は「電力システム改革賛成か、反対か」という表層的な問題ではなく、「わが国はどのような目的を持ち、どんな電力システム改革を選択すべきなのか」ということなのである。これは、例えば一般の消費者がどんなエネルギーの使い方をするのか、太陽光発電を自宅に導入するのかしないのか、どのように電力会社を選ぶのかといったすべての選択の基礎であり、かつ国民にとって最も重要な選択である。

　世界のどの国・地域も電力について「市場・競争」の意義・効能を認めていると同時に、ことエネルギーについては資源や国土の条件を「市場・競争」の万能性を持ってひとつのモデルで克服できる（例えばテキサスやノルウェーの制度で世界中うまくいく）と考える者は、少なくとも本物の専門家の中には1人もいない。

　本書では、そうした「わが国ではどのような電力システム改革を選択すべきなのか」を考える基礎的な情報とヒントを網羅した。わが国の電力システムのあり方は、長い間一部の電力実務者と研究者、官僚にその多くが委ねられてきたが、今後どのような道をたどるかは、現在の専門家たちよりも新しいこのビジネスにかかわる多くの人々、さらに言えば心ある消費者、国民がこの問題をどう考え、わが国にふさわしい電力システムをどう描くのかにかかってくるように思われる。電気の価格水準に直結する原子力は再生可能エネルギーの問題、スマートメーター[9]やデマンド・レスポンス[10]の活用といった新しい技術の活用も含めて、より広い知見の集積と活発な議論が求められている。

9　電力会社等と顧客の電力取引に使われる取引計量器のうち、遠隔で検針できるものや、短い時間（15分、30分、60分）の使用量をデータとして蓄積、あるいは自動で送信できるメーターの総称。
10　電力の使用を特定の時間を抑制することで、電気の供給と同様の電力需給上の能力を得ようとする考え方やその抑制自体。2013年時点で系統混雑によって電力価格の高騰が起きやすい米国を中心に世界各国で電力需給安定化施策として採用されつつある。

第1章
電力システム改革をめぐる議論

コラム1：広域系統運用機関

政府が平成25年4月2日に閣議決定した「電力システムに関する改革方針」では、3つの柱を中心とした大胆な改革を、現実的なスケジュールの下で着実に実行する、としている。3つの柱及びその実施予定時期は、次のとおりである。
(1) 第1段階：広域系統運用の拡大（平成27年目途に実施）。
(2) 第2段階：電気の小売業への参入の全面自由化（平成28年目途に実施）。
(3) 第3段階：法的分離の方式による送配電部門の中立性のいっそうの確保（発送電部門の法的分離）、電気の小売料金の全面自由化（平成30～32年目途に実施）。

広域系統運用機関[注1]の設立は、第1段階の改革（広域系統運用の拡大）の中心を成すもので、これを織り込んだ電気事業法改正案が平成25年11月13日に成立したところである。電気事業法は、その第28条で広域系統運用の推進を従来から謳っているが[注2]、そもそも電力システムは、地域単独で運用するよりも、広域で相互に接続して運用することで、さまざまなメリットが得られる。1)発電設備の建設・運転がより効率的にできる、2)災害等の不測の事態に相互に応援できる、3)電力品質（周波数）がより安定する、等である。したがって、法律で促されるまでもなく、広域系統運用は推進されるべきものであるし、実際に推進されてきた。

もっとも、これまでの広域系統運用は、各区域において安定供給を担う一般電気事業者（電力会社）を中心とする取り組みであった。電気事業法上、政府が関与する権限（勧告、命令）は規定されているが、実態としてほとんど発動されてはこなかった。今回の改革では、広域系統運用機関は強い情報収集権限と調整権限を持ち、広域系統運用において中心的役割を担うことが予定されている。このような広域系統運用の改革が求められた背景は、次の3点であろう。

第一に、東日本大震災後の需給逼迫という非常に過酷な状況に直面した結果、現在の広域系統運用の仕組みが、過酷な状況に対応するには不十分であることがわかったことである。このような状況において、電気事業法では、政府に電気事業者に対する供給命令を発動する権限を付与しているが、実際に発動されることはなかった。その理由はふたつある。ひとつめは、自家発等の発電設備の保有者が法律上、電気事業者としての位置づけがなく、供給命令の対象となっていなかったことである。そのため、自家発保有者に対しては、一般電気事業者からお願いベースで発電の要請を行うしかなかった。ふたつめは、政府に発電設備の状況等の情報が集まる仕組みがなく、発動を前提とした体制が欠落していたことである。

第二に、エネルギー政策の変化により、広域系統運用への新たなニーズが顕在化してきたことである。具体的には、再生可能エネルギーの推進政策である。例えば、風力発電は、北海道地方や東北地方のような比較的系統規模の小さい区域に風況の良い適地が多い。しかし、系統規模が小さいので、当該区域単独では導入量に限界がある。そのため、より大きな需要地（例えば関東地方）に風力の電気を大量に送電するための、大規模な連系送電線を建設すべき、といった意見が言われるようになる。しかし、経済性・効率性・供給安定性の追求を基本としてやってきた、これまでの一般電気事業者中心の広域系統運用の価値観に照らせば、コストが高く不安定な電源を、わざわざコストをかけて遠くまで送電するようなプロジェクトは、全く相容れないもので、従来では一顧だにされないものだ。そのため、これまでとは異なった評価軸も交えて、こうしたプロジェクトの是非を判断する主体が必要となる。

　第三に、今後自由化を推進することで、電力系統の利用者がより多様化し、かつプレゼンスを高めると想定されることである。そのような状況下では、一般電気事業者だけに電気の安定供給を委ねることはできない。新たな系統利用者にも、安定供給確保のための応分の役割を期待していく必要がある。そのためには、新たな系統利用者からも広く情報を集め、例えば、災害等の非常時に指示を行う権限を持った主体が必要になる。

　広域系統運用機関は、公益性が強い役割を担うため、国の監督の下に置かれる認可法人となる。また、強い権限を裏づけるために、電気事業法上、全ての電気事業者にこの機関への加入が義務づけられる。広域系統運用機関の主な機能は次のとおりである。

　長期的な電気の安定供給を確保するため、電気事業者が作成する供給計画を取り纏める。供給計画とは、電気事業法に基づき、電気事業者が作成する、今後10年間の電気の供給並びに電気工作物の設置および運用に関する計画のことである。現行の電気事業法では、一般電気事業者10社および卸電気事業者2社が毎年度、資源エネルギー庁に提出しているが、今後は、新電力や発電所保有者も含めたすべての電気事業者が供給計画を広域系統運用機関に提出する。広域系統運用機関は、提出された供給計画を取り纏めて、全国規模の長期計画として、政府に提出する。

　また、広域系統運用に必要な設備（区域間連系線等）の整備に関しては、自らイニシアチブをとって計画を策定する。先に述べた再生可能エネルギー導入のための大規模系統増強等も、この機関の中で推進の是非を判断していくことになろう。

　電力需給の逼迫が起こった時は、供給力に余裕のある電気事業者に、電気が不

足している区域への応援を指示する。併せて、自家発等の発電設備の保有者も今後は電気事業者として電気事業法上位置づけられるので、この供給指示の対象となる。このような応援の仕組みは、これまでも存在したが、事実上一般電気事業者の自主性に委ねられていた。つまり、応援の必要性を判断するのは一般電気事業者であり、応援の要請に応じるかどうかも個々の一般電気事業者の判断であった。今後は、広域系統運用機関が応援の必要性を判断し、各事業者に指示を出す[注3]。

　上記のような広域系統運用機関を中心とした広域系統運用が、これまでの一般電気事業者中心のものに代わるものとして有効に機能するには課題もある。以下に2点あげてみる。

　第一に、区域の送配電会社との役割分担および責任の所在の明確化である。広域系統運用機関は、あらゆる電気事業者に指導・勧告・指示等を行うことが予定されているが、その結果責任については、現時点では曖昧である。例えば、前述の需給逼迫時の応援融通について、応援をする側は予備力が減少することになり、自らの需給に対してリスクを負う。従来は各事業者が自らの責任でリスクを負って応援要請に応じることを判断していたわけであるが、今後は広域機関が各事業者に指示を出すことになる。その際、指示に従った結果としてリスクが顕在化した場合の責任のあり方はどうなるのか。こういった点がクリアにならないと、いわゆる無責任体制となってしまう懸念がある。

　第二に、連系線整備計画について、その費用対効果を適切に評価できる体制なりルールなりの確立である。先述の北海道・東北への風力発電導入が代表的であるが、今後、再生可能エネルギー発電事業者をはじめ、系統を利用する当事者はますます多様化し、ステークホルダー間の利害調整は複雑化するだろう。また、送配電会社が分離し、かつ安定供給維持について一義的に責任を負うとなれば、送配電会社は系統設備を贅沢に作り、リスクを減らしたいと考えるだろう。こうした希望をすべて聞いていたのでは、過大投資になるのは自明で、電気料金の上昇という形で消費者に負担が跳ね返る。投資の費用対効果を適切に評価し、ふるいにかけるルールが重要である。経済合理的な整備計画およびその費用負担のあり方について、今後知恵を絞っていく必要がある。

(戸田直樹)

注1　電気事業法上、広域系統運用は広域的運営と呼ばれるため、広域系統運用機関の電気事業法上の名称は「広域的運営推進機関」である。
注2　電気事業法第28条「電気事業者は、電源開発の実施、電気の供給、電気工作物の運用等その事業の遂行にあたり、広域的運営による電気事業の総合的かつ合理的な発達に資するように、卸供給事業者の能力を適切に活用しつつ、相互に協調しなければならない。」
注3　広域系統運用機関は認可法人とはいえ、民間の組織なので、電気事業者に罰則を伴う命令することはできない。したがって、指示に従わない事業者がいる場合、機関はその旨を政府に通報し、政府があらためて命令を発出することになる。

第2章

発送電法的分離とは何か

2-1 発送電分離をめぐって

2-1-1 発送電分離とは

　電気、ガス、通信、鉄道、航空などいわゆるネットワーク産業の多くの分野においては、それぞれの産業が生まれてから長い間、自然独占[1]を前提とした事業制度設計が行われてきた。その理由としては、それぞれの産業の発展過程においては、必ず規模の経済性が働き、またそれぞれのサービスの供給のプロセスに範囲の経済性が認められると考えられたからである。

　しかしながら、技術の進歩や規制の弊害の顕在化などを背景に、こうした分野においても、競争原理の導入が図られてきた。1980年代以降、先進国を中心に世界各国で、これらの領域に競争原理の導入を図るべく、民営化や規制改革が進められてきた。1990年に英国で電気事業が自由化されて以降、欧米を中心に多くの国で電力の自由化が進められてきたが、こうした動きをとり纏める形で、97年5月のOECDの規制改革報告書で「従来、規模の経済性が顕著で自然独占の典型と見られてきた電気事業においても、市場を創出

---

[1] ある財・サービスの供給において、複数の企業が行うよりもひとつの企業（独占）が生産するほうが低費用で供給できること。自然独占は、供給規模の増大に伴い供給費用が逓減する「規模の経済性」が著しい分野、あるいは、複数の財・サービスを供給する場合において、複数の専業企業が行うよりもひとつの企業がそのすべてを供給する方が、供給費用が低減する「範囲の経済性」が著しい分野で成立する。

し競争を導入することは可能。……『発電』『送配電』『小売』のうち『発電』『小売』部門は、競争を導入することが可能な分野である。一方、こうした競争を有効に機能させるためには、自然独占性を有する『送電』部門を、『エッセンシャル・ファシリティー』と位置づけ、中立性・透明性を確保することが重要である」と指摘している。そして、「この『送電』部門における中立性・透明性の確保策として、『会計分離・情報遮断』等による手法と、『発送電分離』に基づく手法の、大きく二通りの手法がある」としながらも、「これまでの実績や経験から判断する限り、発送電分離を指向する方向性がより強くなっている」と述べ、自由化の標準形として「アンバンドリング」を推奨する内容が示された。

電気の場合、従来一定の供給区域において、発電から送配電、小売に至る電気事業のサプライチェーンを垂直統合し、独占的に営んできた既存事業者が、送配電ネットワークを共通インフラとして、第三者に中立的な条件で開放することにより、発電・小売部門の新規参入を可能としている。こうした理論的背景はジョスコウ＆シュマーレンシーの『電力の市場』（*Markets for Power*, 1983）で示されている。

これが実際の政策に取り入れられ、発電・小売に新規参入を可能とするようになったのは、欧州・米国等ガスパイプラインを持つ地域でのガス発電の技術革新によって発電分野の規模の経済性が薄まり、この分野の自然独占性が薄れたと認知されたことが大きく影響している。

『電力の市場』でも示されたことだが、新規参入者が参入する際に、送配電ネットワークというインフラは発電・小売事業を行うために不可欠であるが、新規参入者が自ら整備・創出することが物理的にも経済的にも困難である、いわゆるエッセンシャル・ファシリティー（不可欠施設、あるいは「ボトルネック設備」）と考えられる。加えて送配電ネットワークは発電・小売分野と異なり、大きな固定資本を必要とする自然独占性を引き続き有し、二重投資は社会的に望ましくない分野であると考えられている。そこで二重投資を回避し、ネットワークを効率的に利用するという観点から、送電線ネッ

トワークは中立的な共通インフラと位置づけられる。そして、送配電ネットワークの中立性を確保するために、差別的取り扱いの禁止や情報の目的外利用の禁止といった「行為規制」を行うことが求められる。確かに垂直統合されていれば、電力会社が自ら所有する発電部門を優遇しようとするインセンティブが働き、公正な競争を阻害するおそれがあることは明らかである。したがって、送電会社が新規参入者を差別的に扱うことのないよう監視することが必要となる。

しかし、行為規制は監視のコストもかかり、規制も不十分であることから、既存事業者の送配電部門を何らかの形で、発電・小売部門から分離すること、つまり「構造規制」として発送電分離まで行うことが必要であるというのが世界的な潮流である。

発送電分離といっても形態にはさまざまなバリエーションがあるが、一般的に、以下の4類型に大別することが可能である。

(1) 会計分離：送配電部門に関する会計を既存事業者の発電・小売部門から分離（2014年時点でのわが国電気事業の体系。さらに行為規制によって中立性を担保）。

図表2-1　発送電分離の類型

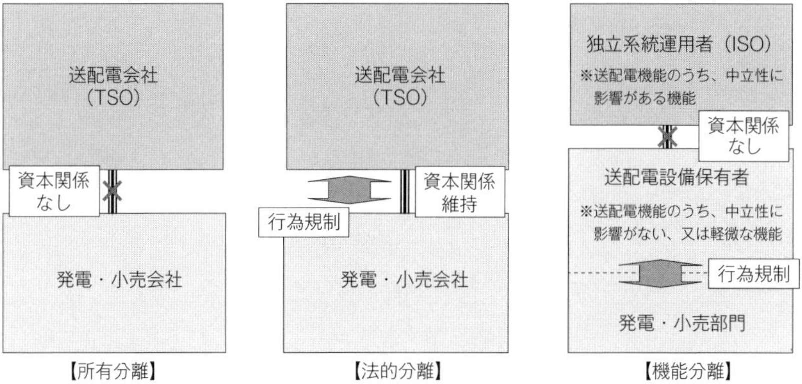

【所有分離】
送配電会社（TSO）
資本関係なし
発電・小売会社

【法的分離】
送配電会社（TSO）
資本関係維持
行為規制
発電・小売会社

【機能分離】
独立系統運用者（ISO）
※送配電機能のうち、中立性に影響がある機能
資本関係なし
送配電設備保有者
※送配電機能のうち、中立性に影響がない、又は軽微な機能
行為規制
発電・小売部門

注）　TSO：Transmission System Operator　　ISO：Independent System Operator
（出所）筆者作成。

(2) 法的分離：送配電部門を既存事業者の発電・小売部門から別会社に分離するが、持株会社を設立して傘下に収めるなど、資本関係は維持可能。
(3) 機能分離：送配電設備の運用等を中立的な組織に移管（送配電資産は引き続き既存事業者による保有が可能）。系統計画・系統運用の機能分離（ISO/RTO の設立）。
(4) 所有分離：送配電部門を既存事業者の発電・小売部門から別会社に分離する。資本関係も認めない。完全分離（full unbundling）とも呼ばれる。中立性確保の観点から最も有効とされる。

2-1-2 ネットワーク産業のアンバンドリング：電気のケースの特質

　ネットワーク産業では、中立性確保のためにボトルネック設備を分離することを「アンバンドリング」と呼ぶ。通信産業では有線の市内通信網、ガス産業ではガスを送るパイプラインネットワーク、鉄道では線路、駅舎そのものが不可欠施設にあたり、競争の導入に合わせて、それぞれのボトルネック設備は切り離し、組織分離や会計分離によって既存事業者と新規参入者との間の公平性を確保している（鉄道の場合は上下分離という）。ここでは典型的なアンバンドリングのケースである通信産業と電気を比較することで、電気の場合のアンバンドリングの特性について考えてみよう。

　通信産業は、ある種「量」を持たず、音声、データといった情報だけが伝送される産業である。ネットワーク利用者（通信サービスの供給者）は、ネットワークに自社の商品を流し込むだけで、混雑や事故によってネットワークが十分に機能しなくても、一部のサービスが届かないだけで、システム全体が影響を受けるわけではない。ここでは「システム安定性」という概念は存在しない。また、通信では2地点間の回線が混雑していれば、空いている回線を使って迂回しても通信コストは増大しない。

　一方、電気の場合、電気は物理量で、潮流というものがあり、追加コストなしに迂回することは考えられない。また電気の特性として、生産即消費で、ネットワーク全体が瞬時瞬時、需要と供給が同量であることで初めて電気が

送り届けられる。逆に言えば少しでもバランスが崩れれば周波数も変動し、すべての電気は全く送られない。したがって、ネットワーク利用者である発電事業者や小売事業者は、すべての時間帯において一定の秩序に従って行動することが不可欠になる。「ネットワーク安定性」が常に優先されるのである。そのため、ネットワーク安定性に必要なコストはネットワーク利用者すべてが公平に負担しなければならない。

　このように考えた時、通信と電気では当然、アンバンドリングにかかわる留意点が異なってくる。通信ではシステム安定性が強く要求されないため、既存事業者のボトルネック設備の分離の後は、その部分のネットワーク利用料（相互接続料等）が主な論点となり、新規参入者の行動に対する仕組みとしての制約はほとんどない。加えて、近年の無線通信のイノベーションによって有線側の容量も混雑リスクが減少しているため、ネットワークの予備力に対する斟酌も少なくてよい。他方、電気はシステム安定性を強く要求される結果、ネットワーク利用料（託送料金等）の設定という論点のほかに、システム安定に不可欠な予備力をアンバリンドリング後にどのように確保するかが大きな課題となる。必要な予備力には第4章で述べる容量確保のような設備容量自体にかかわるものと、システム安定性の中心である周波数維持や事故時対応に必要な調整予備力をはじめとする各種アンシラリーサービスのふたつがある。

2-1-3　発送電分離の検討に必要な論点

　このように考えてくると、電力システム改革のための発送電分離を論じる際には、通常論じられる競争促進のための透明性確保のための中立性向上、経済分析としての必要コストと競争促進によって得られる便益の比較考量のほかに、システム安定性確保への備えも確認する必要があることがわかる。

　現在、わが国では前述したように組織としては垂直統合であるが、会計分離と行為規制によって送電線ネットワークの透明性・中立性が保たれているが、欧米の先行事例に見られるように、法的分離（分社化）に変更した場合、

以下の論点を検証する必要がある。
 (1) どの程度のコストを必要とし、そのことによって電気事業全体の効率や生産性は向上するか。
 (2) 分社化したことによって最大の供給力保持者である既存電力会社の発電・小売会社から切り離される送配電会社が、安定的に各種予備力、調整力を確保できる仕組みは構築できるか。
 (3) 発送電分離が消費者にとって経済厚生を増大させるものとなっているか。

ネットワーク産業のアンバンドリングには莫大な社会的コストがかかり、不可逆性があるため、細部の設計変更はできるものの基本的な構造に後から手を入れることは難しい。それだけ十分な検討とデータに基づく議論が必要とされるのである。欧米で導入されている市場モデルはさまざまであり、今なお模索段階であり、普遍的にベストなモデルはない。わが国の電力供給システムは、歴史やエネルギー事情などを背景に成り立っているものであり、海外では分離されているから日本でも一律にアンバンドリングを採用すれば、望ましい競争状態が実現できるというものではない。

2-2 垂直統合の経済性

　発送電分離の議論で述べられる分離の目的は、分離することによって期待される送電線投資の促進や競争の活性化である。すなわち、発送電分離によってネットワーク部門を中立化し、ネットワークを保有する既存垂直統合事業者が、送電線への投資を恣意的に控えたり、新規参入者など他のネットワーク利用者に差別的行動をとることを回避し、競争を活性化することが発送電分離の目的とされてきた。しかし、電気は安価に大量の貯蔵をすることができず、常にリアルタイムで需要と供給が一致していなければならない性質から、発電部門と送電部門の相互の技術的関連性が高いことが電気事業の

ひとつの特徴と考えられてきた。このような場合、部門ごとに異なる企業が運営するよりも、ひとつの企業でまとめて行った方が効率的であるとの考え方がある。また、送電部門に加え、小売供給部門も発電部門と分離される場合には、発電資産を所有していない小売供給事業者は、卸電力購入のための契約の締結や、市場価格の変動といったリスクに直面することとなる。このようなリスクは垂直統合された企業の場合には発生しない。

以上のような点に関連し、発送電分離には、競争促進によるメリットという正の側面だけではなく、技術的、経済的な部門間調整の喪失という負の側面もあるとの懸念から、垂直統合の経済性の議論が従来よりなされてきた。すなわち、発送電分離の政策意思決定に際しては、分離による正の効果のみならず、負の効果も評価した上で、前者が後者を上回る場合には、分離が望ましいとする考え方である。図表2-2は、横軸に発送電分離の程度を、縦軸にコストをとり、統合と分離のそれぞれの場合に生じうるコストをイメー

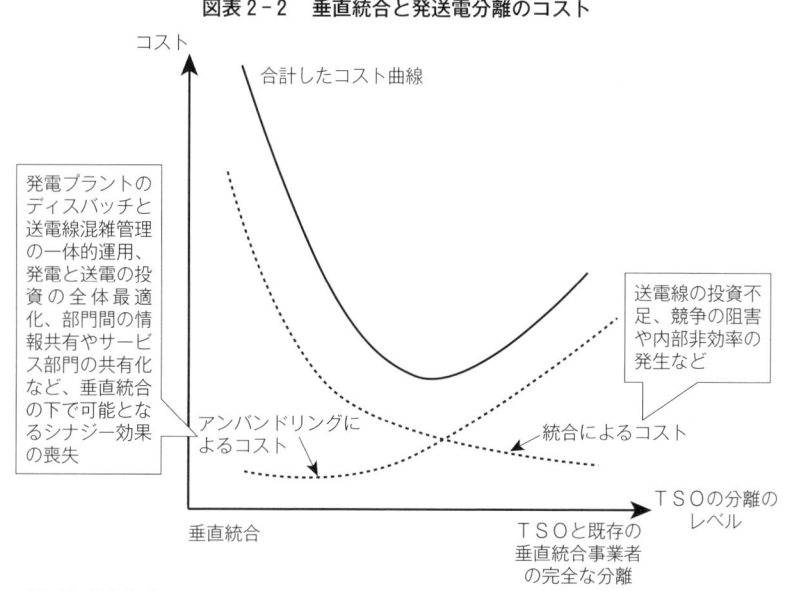

図表2-2　垂直統合と発送電分離のコスト

コスト軸に「合計したコスト曲線」が描かれ、垂直統合側には「発電プラントのディスパッチと送電線混雑管理の一体的運用、発電と送電の投資の全体最適化、部門間の情報共有やサービス部門の共有化など、垂直統合の下で可能となるシナジー効果の喪失」、分離側には「送電線の投資不足、競争の阻害や内部非効率の発生など」の注記。曲線は「アンバンドリングによるコスト」と「統合によるコスト」。横軸は「TSOの分離のレベル」で、左端が「垂直統合」、右端が「TSOと既存の垂直統合事業者の完全な分離」。

（出所）筆者作成。

ジしている。

　発送電を分離することによって、統合の下で得られる部門間の調整などシナジー効果が失われる一方で、統合の下では競争が活性化せず内部非効率が生じるといったコストの発生が示されている。このような評価を定量的に行うことができれば、分離によるコストと統合によるコストを合計したコストが最小となる点に相当する分離の程度（分離の強度）を選択することが、社会的に望ましい選択となる。しかし、実際にはこのようなコストの評価にはさまざまな要因が関係するため、定量的な評価を行うことは容易ではない。そのため、分離による競争活性化効果のみに焦点を当てた、理念先行型の政策により、欧州や米国の一部の州では発送電分離が行われてきた。

　以上の状況を認識した上で、本節では電気事業における垂直統合の経済性の源泉と、これまで複数の研究者によって行われてきた実証分析の結果を紹介し、わが国における発送電分離の議論に対する示唆について検討する。

2-2-1 垂直統合の経済性の概念とその源泉

　電気事業の発送電分離の是非に関する研究は、Baumol et al. (1982) の産業組織論研究によって基礎づけられている。彼らは新古典派の静学的企業理論を基礎とするコンテスタブル・マーケット理論を展開し、産業や企業全体、および部門ごとの規模の経済性や、部門間の範囲の経済性という概念を用いることで、自然独占性の検証という問題に発展させてきた。これらの研究が、企業形態や事業構造の経済性比較のための理論的基盤となることで、通信事業や電気事業といった、従来は自然独占と考えられてきた規制産業への適用による実証分析の蓄積が行われてきた。

　例えば電力産業の事業構造に関する初期の研究では、発電部門、送電部門、配電部門（および小売供給部門）といった個別の部門に関する規模の経済性が分析されている。特に発電部門に関しては、1970年代から複数の研究者によって、米国の一部の事業者で規模の経済性が失われてきていることが示されていた。そのことが、発電の競争市場を保証するひとつの条件として指摘

されてきた。さらにその後、Baumol et al.（1982）で提唱された概念に基づき、電気事業の費用構造を分析することによる発送電分離の検証が行われてきた。代表的な研究として、米国の電力会社のデータを用いた Kaserman and Mayo（1991）があげられ、発電と送配電の垂直統合の経済性が計測されている。その後は彼らの研究を拡張する方向で、多くの研究者が電気事業の垂直統合の経済性の定量的な分析を行ってきた。

　また別の研究では、電気事業の垂直的な部門構造について、技術的な相互依存関係の強さや、情報共有の必要性、使用目的や使用場所が固定化された特殊な資本設備の存在、長期契約の必要性などの特徴に着目し、これらが契約コストを大きくする点を指摘するとともに、一方で垂直統合型企業であれば、計画や運用面において、各部門が情報を内部化し、部門間の調整を行いながら最小費用を達成できる点を主張してきた。Williamson（1971）では、設備の故障、発電部門の投入要素である燃料の価格の変動、需要予測の不確実性の存在などから、発電部門と送配電部門は、運用や設備投資において協調的な行動が必要とされる点を指摘している。これらはすべて、垂直統合形態の下での効率性を支持する概念的な基盤を提示している。

　このように、垂直統合の経済性については、これまで複数の研究者によって理論および実証の両面から研究が行われてきた。それらに基づき、Meyer（2012）では、垂直統合に関連する経済性の源泉を大きく3つに分類している。(1)協調による経済性、(2)市場リスク回避の経済性、(3)専門特化の経済性である（図表2-3）。以下でこれらを順に確認していく。

　(1)「協調による経済性」は、前述のとおり、部門間の技術的関連性の強さから生じるものである。電力はリアルタイムで需要と供給が一致していなければならず、電圧や周波数が一定に維持される必要がある。そのため、システムを安定的な状態に維持するためには、異なる部門間での瞬時の調整が要求される。発電と送電のように運用上の技術的関係が強い場合には、このような調整をふたつの別の企業で行うよりも、ひとつの企業の中で纏めて行う方が効率的であると、従来より考えられてきた。このような効果は、送電

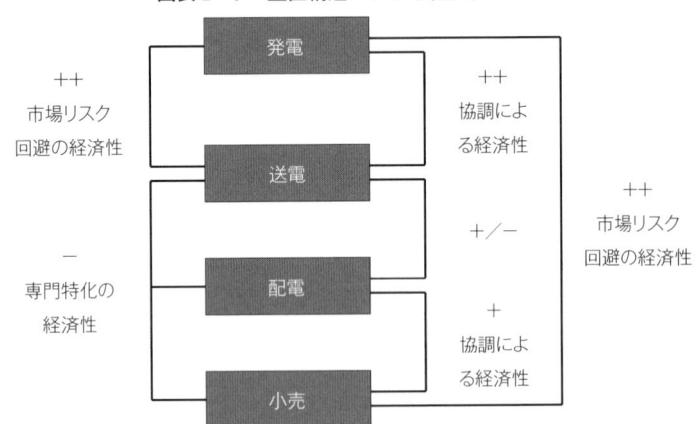

図表 2-3　垂直構造における経済性の概念

```
                    発電
  ++                          ++
市場リスク                    協調によ
回避の経済性                  る経済性
                    送電
                                         ++
                              +/−       市場リスク
  −                                    回避の経済性
専門特化の           配電
  経済性
                              +
                              協調によ
                              る経済性
                    小売
```

注 1）専門特化の経済性は発電部門にも当てはまるが、他の経済性との相対的な重要性からここでは省略している。
注 2）送電と配電の間には協調による経済性と専門特化の経済性のプラスとマイナスがあり、どちらが大きいかは個々の状況に依存するため、両方を記載している。
注 3）発電、送電、配電、小売の各部門は、別企業であっても実際にはひとつの持株会社の下に置かれる場合や、送電だけ第三者の所有となる場合などがあるが、ここではそのような区別は行わず、個々の部門間の関係から生じえる経済性のみに着目している。
（出所）Meyer（2012）。

と配電、および配電と小売についても考えられるが、特に発電と送電の間で強いことが予想される。協調によるシナジー効果の背景には、ひとつの企業内で調整を行う場合、情報交換の効率化や、業務、人材、IT設備などの二重投資による無駄の回避がある。さらに、別企業となった場合には、個々の組織がそれぞれ個別に事業の最適化を行おうとするインセンティブが働くため、システム全体としての最適化が難しくなるという問題もある。このような問題は、特に発電と送電の設備投資のように、全体最適の下での調整が望ましいものに関して重要であり、別々の企業では調整がうまく機能しなくなる可能性が考えられる。

　(2)　市場リスク回避の経済性は、Williamson（1971）によって提唱された取引費用に関連した概念である。取引費用とは、垂直統合された企業の内部統制機能を用いる代わりに、市場を通じた取引を行うことによって生じるコ

ストである。特に、発電設備と送電設備はともに固有の使用目的に基づき特定の場所で相互の関係が構築されるものであり、建設期間や利用期間が数年から数十年の長期にわたるため、関係の不確実性や、相手方の機会主義的な行動の影響を受けやすく、埋没費用の問題が生じうる。このような発電と送電の技術的な相互依存性の強さや需要予測の困難さの下での、将来の不確実性に起因する契約の不完備性によって、市場リスクが発生すると考えられる。さらに、本節の冒頭でも述べたとおり、市場リスクは発電と小売の間でも重要なファクターである。発電設備を有しない小売事業者は、顧客に電力を供給するため卸電力市場や相対契約によって電力を購入することになる。そのため市場価格の変動リスクにさらされることになる。このような価格変動をヘッジするシステムも利用可能であるが、複雑なものとなりがちで、また完全にリスクを取り除くものでもない。そのため、垂直統合の下で自身の発電費用の予測がより容易である事業者に比べ、相当の取引費用がかかる。

　(3) 専門特化の経済性は、分離してひとつの商品・サービスの提供に特化することで、複数の商品・サービスを提供する場合に比べ運営面でより効率化が図られるとするものである。欧州委員会が、第2次電力自由化指令からさらに発送電分離を強化するきっかけとなった「電力市場の競争に関する調査」(European Commission, 2007) や、オランダの配電部門の分離の際に、分離を主張する根拠のひとつとして言及された。

2-2-2 垂直統合の経済性の先行研究とそこからの示唆

　わが国における電気事業の垂直統合の経済性については、後藤・井上 (2012) で実証分析が行われている。そこでは、垂直統合の経済性（垂直統合生産による費用節約水準）が相当程度存在することが確認されており、このような結果は、国内外の多くの先行研究において電気事業の垂直統合の経済性が示されていることと整合的である。後藤・井上 (2012) では、諸外国の先行研究のサーベイも行っている。Kaserman & Mayo (1991) 以降の米国や日本の実証分析に加え、最近ではイタリア、スペイン、スイスなど、欧

州の電気事業に関する実証分析も見られるようになってきたが、それらほとんどの研究で、垂直統合の経済性が存在することが示されている。また、Michaels（2004）では、カリフォルニアの事例を取り上げ、発送電分離政策を進める前に、市場機能の活用による経済効果が、分離により失われる経済性を上回るかどうかを見極めるべきだと指摘している。そして、分離による市場機能の活用か、垂直統合の経済性かは二者択一の問題ではなく、それぞれに利点を有しているため、望ましい統合の程度を、公平性を重視する政治的観点のみでなく、費用効率性の観点からも検討すべきであると結論づけている。

　垂直統合の経済性に関するこれまでの理論および実証分析から、発送電分離については、競争による正の側面のみならず、垂直統合の経済性喪失による負の側面も慎重に見極める必要があることが示されている。分離による経済性の喪失が競争によるメリットを上回る場合には、発送電分離が必ずしも望ましい電力供給体制とは言えない。発送電分離に関する政策議論に際しては、このような点も総合的に検討する必要がある。

2-3　日本における発送電分離の議論

2-3-1　2013年時点での日本の発送電分離（会計分離＋行為規制）

　今回の電力システム改革の施策のひとつとして打ち出された発送電分離に関して、そこに至る議論の経緯はどのようなものであったのだろう。この点について、新聞報道では日本ではまだ発送電分離が行われていない、という表現が散見されていたが、理論的には小売競争が部分的とはいえ成立している以上、何らかの発電と送電の分離が行われているのが条件であり、2013年時点の日本の電力市場では会計分離と行為規制、というタイプの発送電分離が行われている。それは2000年に電力小売の部分自由化を実施した時点です

でに行われていたものである。具体的には送配電ネットワークを持たない新規参入者も、一般電気事業者のネットワークを活用して、発電・小売事業を行うことができるようになった。その際、送配電部門の中立性を確保するためにとられた措置は主に以下の3点である。

(1) 会計分離：一般電気事業者の送配電部門に関する会計を発電・小売部門から分離することで、送配電線利用料金（託送料金）が公平になることを確保。
(2) 情報の目的外利用の禁止：送配電網活用にあたって、新規参入者が送配電部門に提供する情報を、既存事業者が自社の営業の有利になるように活用することを禁止。
(3) 差別的取扱いの禁止：一般電気事業者がネットワークを開放する業務において、どの事業者も公平に扱うように義務づける。

2-3-2 電力システム改革における発送電分離議論

会計分離を中心とした日本の発送電分離の制度は、その後も、随時見直しが行われて、今に至っている。今般、政府はさらに踏み込んだ発送電分離として、一般電気事業者の送配電部門を別会社に分離する（ただし、資本関係を維持することは許容される）、つまり法的分離の実施を目指す方針を打ち出した。その理由について、政府の電力システム改革専門委員会[2]の報告書（電力システム改革専門委員会、2013）では、次のように記述している。

> わが国では、中立性確保のため、発送電分離のひとつの類型である「会計分離」を2003年の制度改正で導入し、併せて情報の目的外利用や差別的取扱いを禁止してきた。しかし、制度改正後約10年が経過した現在に至るまで、送配電部門の中立性の確保がなお不十分であるとする指摘が絶えない。また、再生可能エネルギーや、コジェネレーション、自家発など分散

---

2 現在は、総合資源エネルギー調査会基本政策分科会電力システム改革小委員会。

型電源の推進という観点から送配電部門のいっそうの中立性確保を求める声も大きい[3]。

しかし、議論を振り返るに、法的分離の必要性に関し、丁寧な議論が行われたとは言い難い。現在も、送配電部門の中立性確保に関して、一定の措置が講じられているのだから、「送配電部門の中立性の確保がなお不十分であるとする指摘が絶えない」のであるならば、それらの指摘を受けて、現状のどこに課題があるかを具体的に明らかにすることから始めるべきであったが、そのようなプロセスが踏まれることはなかった。第4回電力システム改革専門委員会では、事務局から「送配電部門の中立性に疑義があるとの指摘（事業者の声）」と題して、8つの事例が紹介された。これらの事例を掘り下げれば、課題の所在を明らかにできたであろうが、議論されることはなかった。
当該資料[4]から1例だけあげてみる。

> 事例4．域内送電利用ルールの透明性・合理性
> ○ 発電事業者Cは、一般電気事業者④から「送電線の容量が厳しい」との指摘を受け、電源の稼働率の低下を余儀なくされた。
> ○ 他方、同じ送電線を経由して送電を行う一般電気事業者④の電源は、明らかに発電効率の悪い電源も含めて稼働している。
> ○ 一般電気事業者④自身が設定・運用する域内送電線利用ルールでは、電源が立地された順に優先的に送電線の利用が認められるため、結果として、発電効率や環境適合性の低い電源が優先されるとの指摘がある。

この事例を吟味してみる。
まず、「一般電気事業者④自身が設定・運用する域内送電線利用ルールで

---
3 電力システム改革専門委員会（2013）p.31。
4 経済産業省（2012）pp.18-20。

は、電源が立地された順に優先的に送電線の利用が認められる」というのは、誤解がある。「送電線利用は先着優先」というのは、送電線の利用にあたって日本で適用されている一般原則である。一般電気事業者④はこの一般原則を忠実に運用しているにすぎない。したがって、これは、一般電気事業者④の送配電部門の中立性が問われる事例ではなく、単に発電事業者Ｃが既存の一般原則に対する不満を訴えている事例である。

　送電線の容量に制約があるときの利用権の配分については、入札を定期的に実施して、高い価格で応札した事業者に都度利用権を付与する、という考え方もある（送電権オークション）。日本の場合は、発電事業者の事業の安定性を重視して、先着優先を採用している。発電事業者Ｃがこの考え方に不満であるならば、送電権オークションのような別の考え方を提案することが、本来行うべきことである。

　ここでは詳述しないが、他の事例についても、資料の記載を読む限り、上記のように送配電部門の中立性とは無関係な事例、単に「何となく不安である」の域を出ない事例がほとんどのように思える。資料の記載だけでは評価しにくい事例も一部あるが、もとより中立性と無関係な事例に対しては、法的分離を行ったとしても、「何となくの不安」を緩和することはあるにせよ、本質的な解決策とはならない。

　このほか、松村（2011）は、「現状の垂直統合体制は、大規模発電所を遠隔地に集中立地し、大送電線で需要地まで送る一般電気事業者のビジネスモデル[5]に挑戦する新規事業者を、不公正な手段で排除する誘因も手段も与える」とし、あくまで可能性と断った上で、垂直統合体制の一般電気事業者が取りうる不公正な手段の例として次の３つをあげている。⑴分散電源を用いる事業者に、系統安定性を口実に不要な技術基準を義務づけて参入費用を引き上げる、⑵蓄電池を備えて参入する風力発電事業者に長期間の実証を強要

5　発電所は制約のない限り需要地近傍に建設することが望ましく、現に東京電力の発電設備の半分は東京湾岸にある。「大規模電源の遠隔立地」は電源立地制約の結果であり、ビジネスモデルではない。

し、その間低い価格での売電を強いて参入の誘因をそぐ、(3)本来は系統安定性のために使うべき需給調整契約を、特定規模電気事業者に参入を断念させるための営業目的で利用する。

つまり、潜在的に参入阻害行動をとる動機および手段がある以上、参入が抑制されるから、発送電分離の強化[6]が必要との論である。「送配電部門の中立性の確保がなお不十分であるとする指摘」には、実際に発生している事例ばかりでなく、潜在的に起こりうる事例も、当然に含まれうる。掲げられた事例も、現実の事業制度その他の環境に照らして、リアルに問題が発生しうるのであれば[7]、それも含めて、現行制度の課題として抽出すればよい。前節で説明したとおり、電気事業には、垂直統合の経済性（垂直統合状態の下での生産費用が、分割生産の下での生産費用を下回ること）が存在することが知られている。前節では、電力中央研究所による計測結果を紹介したが、これ以外にも、各国でさまざまな実証研究が垂直統合の経済性を示している。発送電分離と一口に言っても、さまざまなバリエーションがありうるので、課題が解決できて、かつ垂直統合の経済性を極力損なわないようなやり方を丁寧に議論すればよい。実際、今までの日本における発送電分離の議論は、そのようなアプローチを通じて、垂直統合のメリットを活かしつつ、市場原理のメリットもまた活かす、ということを目指してきた。

以上のように、今般行われた発送電分離の議論は、実際に生じている事例、あるいは潜在的に発生し得る事例も含めて、具体的な問題を抽出し、掘り下げ、解決策を導き出すというプロセスが不足していたと思われる。こうした

---

6 具体的には、所有分離または機能分離。
7 文面から理解できる範囲で事例についてコメントすると、(1)については、技術基準は、一般的には電気事業法に基づく省令、およびその解釈、ガイドライン等で定められており、一般電気事業者が主体的に定めるものではないので、リアルな事例となりうるかやや疑問。(3)については、需給調整契約は、電力需給が逼迫した際に、電気事業者からの要請に応えて需要を抑制することを約束することで、電気料金の割引を受ける契約のことであるが、このような契約が一般電気事業者の専売特許というわけではない（新電力が自社で確保した発電所にトラブルがあった時に、需要家に需要を抑制してもらうこともありうる）。また、需給調整契約が系統安定性のためのものであれば、送電費から割引の原資を捻出するべきであるが、現状この割引原資は営業費が原資となっている。つまり、本来、送電費を通じて新電力も含めて負担すべき系統安定のための費用を、一般電気事業者の小売部門だけが負担しているわけで、その点では新規参入阻害とは言えず、むしろ、逆の意味での修正が必要な可能性がある。

経緯であるので、政府が法的分離を目指す方針を打ち出したものの、これによってどのような問題が解決するのか今ひとつ明らかでない。新規参入促進の意味で期待できる効果は、「わかりやすさ」「説明のしやすさ」に尽きるように思われる[8]。

他方、法的分離をしても大丈夫か、電気の安定供給に支障は出ないのか、という論点もある。実際、発送電分離（法的分離）をすると、電気の安定供給に支障がでるのではないかという懸念はたびたび耳にする。これについて、電力システム改革専門委員会（2013）では、次のように記載している。

いずれの方式[9]においても発電部門と送配電部門（給電指令等）の協調のあり方が重要となる。この点については、多様な発電事業者の参入が進む中では、一般電気事業者の発電部門にとどまらず、IPPや分散型電源等を運営する事業者を含めた広範な発電事業者が、給電指令等を行う送配電部門との間で協調しなければならないため、制度設計にあたってはこの点について適切な配慮を行い、災害時の対応も含め、安定供給に万全を期しながら進めていく必要がある[10]。

法的分離を実施した際に、発電会社と送配電会社との間で適切な協調を確保し、安定供給をいかに維持するかは、今後の課題との認識である。この点について、どのような検討が今後必要かを次節では見ていく。

---

[8] 政府の電力システム改革の計画では、2016年に実施予定の、電力小売分野への参入の全面自由化に伴い、一般電気事業の概念はなくなり、発電・送配電・小売の3種類のライセンス制に移行する予定である。一般電気事業は垂直統合体制を前提とした概念であるが、ライセンス制は垂直統合体制を必ずしも前提としないため、その移行に伴い、経営判断に基づく自主的な法的分離は可能になる。
[9] 当該報告書において送配電部門の中立化策の選択肢として取り上げられた、機能分離方式と法的分離方式を指す。
[10] 電力システム改革専門委員会（2013）p.33。

2-4 法的分離の下での安定供給確保

2-4-1 分離後も発電と送配電は緊密な協力が必要

　法的分離を行うと、垂直統合体制の電力会社は、発電・小売会社と送配電会社に分離する。そして、電力システムを安定的に運営すること、つまり電気の安定供給を確保するのは、一義的には送配電会社の義務となる。しかし、だからと言って、発電会社は自分の好きなように送配電ネットワークに電気を流し込んでよいわけではない。それでは、ネットワークの安定運用はおぼつかない。これは、時々刻々の電力需要に対して、発電量を一致させる必要がある等の電力ネットワークの持つ技術的な制約によるもので、電気事業と通信事業の大きな違いである。同じネットワーク産業でも、通信事業ではこのような懸念は聞かない。通信ネットワークの利用者は、通常、自分たちのコンテンツをネットワーク上で好きなように流通させているだけで、ネットワークの安定運用等を意識することはほとんどない。電気事業にあるこれらの制約のため、電力システムにおいて安定供給を達成するには、責任主体である送配電部門にただ任せるのではなく、発電部門による緊密な協力が欠かせない。

　この緊密な協力は、垂直統合体制の下では、部門間の社内調整の形で行われてきた。法的分離を行うと、これらの社内調整は、発電会社と送配電会社との間の、対価を伴った契約あるいはルールに置き換わる。これらを通じて、従来の社内調整と遜色ないパフォーマンスが実現できるかどうかが、法的分離を検討する上で、重要な課題である。

　このような発電と送電の協力の代表的な例として、日常的に行われている需給調整を取り上げる。垂直統合体制の下での需給調整が、発送電分離（法的分離）の下ではどのように変わるのか、その際の課題は何か、について、順次述べる。

2-4-2　電気の需給調整とは

　先述のとおり、電力ネットワークを安定的に運用するには、時々刻々の需要に対して、発電量を常に一致させる必要がある。これは通常の市場のように、売り手と買い手が自由に取引をした結果として需給がバランスするわけではない。電気は生産即消費で在庫が利かないので、ネットワークを運用する主体が特定の意思を持って、各瞬間の需給がバランスするようコントロールする必要がある[11]。電気の需給調整とはまさにこれを行うことである。

　電気の需給のバランスが崩れると、周波数が変動する。日本では東日本は50Hz、西日本では60Hzが標準周波数であり、需要と供給が完全に一致していれば、周波数はこの値となる。需要に対して供給が上回っていれば周波数は上昇するので、供給を抑制すれば周波数は元に戻る。需要に対して供給が不足していれば、周波数が低下するので、この場合は、供給を増やせば周波数は元に戻る。つまり、電気の需給調整とは、ネットワークの周波数が標準周波数の50Hzまたは60Hzとなるように調整することと同値である[12]。

2-4-3　垂直統合体制下の需給調整

　垂直統合体制の下での、電気の需給調整について図表2-4で説明する。
　まず、①の曲線は電力需要曲線のイメージである。数秒～数分単位のゆらぎを伴いながら、あるトレンドに沿って変動している。電力会社はまずこのトレンド、つまり②の曲線を予測し、これをぴったり追随するように発電機に出力指令を発出する。これを先行制御と呼ぶ。予測のスパンは1～数分と非常に細かく、かつ、常にローリングを繰り返して予測の精度を保っている。

11　このバランスが大きく崩れると、例えば電話であれば、増分のトラフィックが話中になるだけであるが、電気の場合は、増分需要以外の需要にも大きな影響が及ぶ可能性（最悪、その地域の電力供給全体が停止する）があり、そうなったときの影響は甚大である。
12　電力システムを安定的に運用するには、周波数の変動を一定の幅に収める必要がある。具体的には、標準周波数±0.2～0.3Hzの幅に収めることを目標にしている。この幅を逸脱すると、工業製品の質（紙の厚さ、糸の太さ）にムラが出る等の影響が現れる。逸脱幅がさらに大きくなると、発電機が運転を継続できなくなって順次停止し、広域停電を招来する。

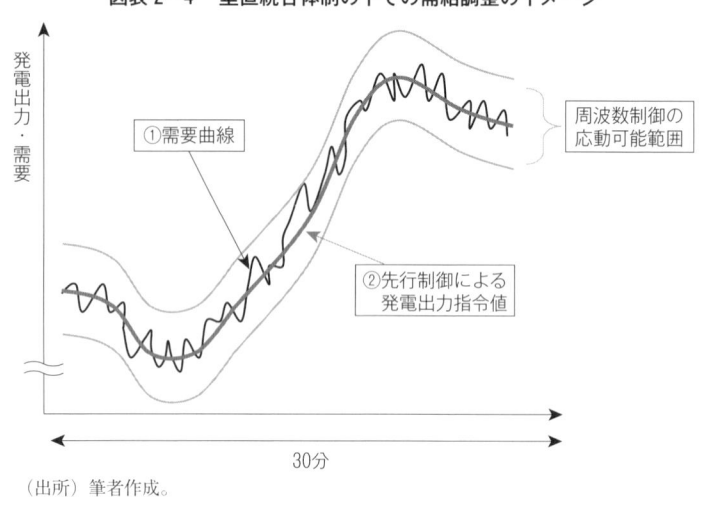

図表 2-4　垂直統合体制の下での需給調整のイメージ

発電出力・需要

①需要曲線

②先行制御による発電出力指令値

周波数制御の応動可能範囲

30分

（出所）筆者作成。

①の曲線と②の曲線の差分は、予測が難しいランダムなゆらぎであるが、このゆらぎにも追随しないと周波数が変動して電力供給の品質が保てない。他方、ランダムな変動なので、先行制御によってこれに追随するのは困難である。そこで、周波数の偏差（需要と供給が乖離すると、周波数も50Hzまたは60Hzから乖離する）の実績を計測して、後追いで、その偏差を解消するように発電機出力の調整を行っている。この調整は基本的に自動で行われ、ゆらぎのレベルまで需要と供給のバランスを確保する。それに伴い、周波数も50Hzあるいは60Hz近くに調整されるので、この調整を周波数制御という。図表 2-4 に示した「周波数制御の応動可能範囲」は、周波数制御のためにあらかじめ確保している発電機出力の幅である。電力需要（①の曲線）がこの調整幅の中に収まるように②の曲線を予測できれば、周波数が安定して、電力品質が維持できる。

2-4-4　新電力による需給調整

次に、電力小売の部分自由化によって参入してきた新電力による需給調整

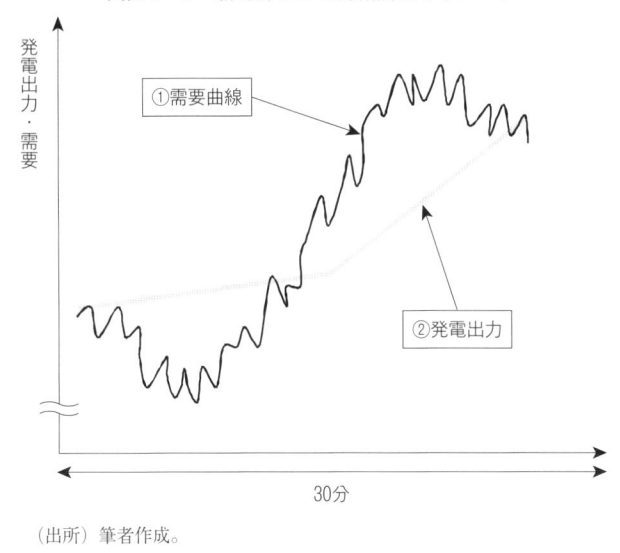

図表2-5 新電力による需給調整のイメージ

①需要曲線

②発電出力

30分

（出所）筆者作成。

について、図表2-5により説明する。図表2-4と同様、需要は①の曲線である。時々刻々細かく変動しているが、この変動に追随することを新電力に求めることはできない。2-4-3で示した例は、システム全体の需要に対して、供給を一致させるためのものである。その場合、システム全体の周波数が各瞬間の需給バランスを表すパラメーターとなるので、2-4-3で示したような緻密な需給調整が可能となる。全体の需要のごく一部を供給する新電力には、そのように各瞬間の需要を知るすべがない。個々の需要家には計量器が設置されているが、計量器が計測するのは、一定の時間で区切ったコマごとの積算消費電力量（日本の場合は、1日を各30分の48コマに区切った各コマの積算消費電力量）であり、各コマ30分の中で生じる需要の変動は計測できない。したがって、新電力は、それぞれのコマにおいて、自社の需要の30分の積算消費電力量に等しい電力を積分値として供給するよう求められる。例えば、図表2-5の②の曲線のように自社の発電機を運転した場合、瞬間で見れば、需要と供給のギャップ（図表2-5の①の曲線と②の曲線の間）

が大きくなるところもあるが、それは不問とされる。

　また、この積分値ベースの需給バランスも、実態として需要と供給をぴったり合わせることは困難で、若干の偏差は生じる。新電力は、各需要家に設置された計量器によって30分ごとの自社の需要を知ることができるが、この測定値は事後に判明するため、発電所に指令を発する時間断面では、需要を予測して供給量を決めざるをえないからである。この偏差のことをインバランスと呼ぶ。

　現在の日本の電力システムでは、2-4-3で示した需給調整を行う垂直統合体制の一般電気事業者と、30分の各コマにおいて積分値だけを合わせる新電力が併存している。この場合、新電力の需給調整は、計量器の制約もあって粗いものにならざるをえず、各瞬間では需要と供給のギャップが生じている。これは、一般電気事業者が2-4-3の需給調整を行う中で解消する。つまり、一般電気事業者は、自らの需要だけでなく、新電力が発生させている需要と供給のギャップを合算したものを「需要」とみなし、各瞬間において、これを自社の発電機による供給と合致させるべく需給調整を行っている。その結果、電力システム全体の周波数が安定的に保たれている。

2-4-5　法的分離後の需給調整

　法的分離を実施すると、垂直統合体制の一般電気事業者は、発電・小売会社と送配電会社に分離される。発電・小売会社は必然的に、現在の新電力と同様、30分積分値で需要と供給をバランスさせる存在となる。このような主体をバランシング・グループ（balancing group：以下、BG）と呼ぶ[13]。送配電会社は、電力システム全体の周波数を安定的に保つ責任主体となり、これをシステム・オペレーター（system operator：以下、SO）と呼ぶ[14]。

　上で定義した用語を用いると、法的分離前の一般電気事業者は、BGと

---

[13]　バランス責任主体（balance responsible entity：BSE）と呼ばれることもある。
[14]　SOは周波数を安定化させるため、各瞬間における高度な需給バランシングを行っているわけであるが、言葉の定義としては、積分値レベルの粗いバランシングを行っている主体がBGと称されている。

第2章
発送電法的分離とは何か

SOの両方の性質を持っていたが、法的分離によって、BGである発電・小売会社と、SOである送配電会社に分離することになる。BGは、積分値レベルの粗い需給調整だけを行う。BGによる需給調整だけでは周波数が大きく変動してしまうので、その変動を後追いで調整して、周波数を安定させるのが、SOの役目となる。もっとも送配電会社は電源を持っていないから、自分だけで需給調整はできない。需給調整用の電源を契約や市場を通じて確保し、これらの電源に指令を発することによって需給調整を行う。2-4-1で述べた「従来、垂直統合会社の社内取引であったものが、会社間の契約に移行する」ことのひとつの例である。

　このような体制に移行すると、これまでBGとSOの両方の顔を持っていた一般電気事業者の発電・小売部門が、新電力と同じ条件で競争できるようになる。具体的に言うと、30分積分値による粗い需給調整だけを意識すればよくなるので、分離した発電・小売会社の電力供給コストを相対的に下げることになる。どういうことか簡単な図をいくつか使って説明する。

　図表2-6に、BGによる需給調整一般電気事業者による需給調整との相違をイメージ化した。①の需要に対して、BGは30分積分値で同量の電力量を供給すればよく、極端に言えば②のようにフラットな運転指令を発出しても義務は果たしている。他方、一般電気事業者は③のように発電機に指令を発出するとともに、①と③の間の細かいゆらぎを後追いで調整できる余力も確保している。②と③で発電機の運用、さらには発電コストがどのように変わるかのイメージが図表2-7になる。

　図表2-7に示した、G1〜G5は、発電機であり、いずれも同出力のものとする。また、kWhあたり発電単価は、安い方からG1、G2……G5の順番であるとする。

　この前提の下で、図表2-6の②のために発電機に指令を発出するならば、図表2-7の左図のように発電コストの安い発電機から順次フル稼働させればよい。他方、図表2-6の③の運用を行う場合は、図表2-7の右図のとお

図表2-6　BGと一般電気事業者の需給調整の比較イメージ

（出所）筆者作成。

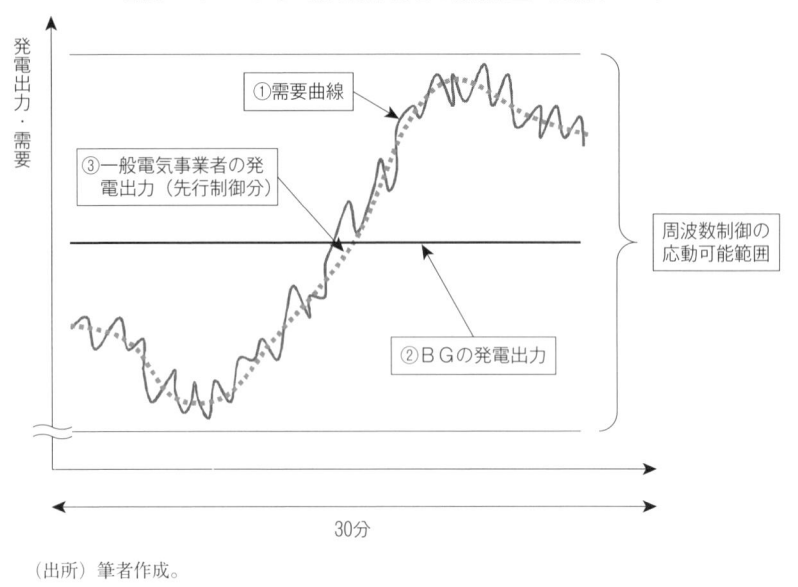

図表2-7　発電機運用の比較

＜BGとしての最も経済的な発電機運用＞　＜一般電気事業者による発電機運用＞
　　　　　　　　　　　　　　　　　　　　（各瞬間の需給調整を意識）

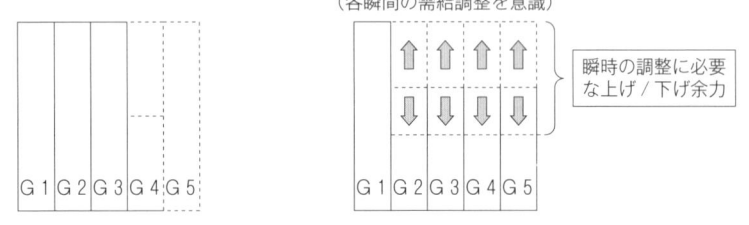

（出所）筆者作成。

りである。30分のコマの中で生じる変動に備えるため、G2からG5の4基を、フル稼働をあえてさせずに出力の上げ／下げの余力を確保する。左図でもG4は上げ余力を持っているが、1基だけでは通常、求められる出力変化のスピードが確保できないからである。

　図2-7の右図の運用を行うと、左図よりも発電コストは大きくなる。それは以下に由来する。①発電コストの高い電源（G5）も活用することによ

る燃料費の増加、②上げ余力確保のために定格出力以下で運転する電源（G2～G5）における発電効率の低下（あるいは燃料費の増加）、③調整力として出力を頻繁に変動させることによる発電効率の低下（あるいは燃料費の増加）、④上げ余力を確保していたための売電機会の損失。

　法的分離後の体制においては、BGは図表2-7の左図の経済的な運用を行うことが競争上、最も有利であるので、制約がなければすべてのBGが、左図の運用を指向する。それでは、系統周波数の安定は保てないので、少なくとも一部のBGはSOからの要請に基づいて、右図の運用を行い、瞬時の調整に必要な調整力をSOのために用意する。その際増分コストが生じるが、これは、発電会社による安定供給への貢献の対価であり、SOからBGに支払われるべきものである。つまり、法的分離は、発電部門（BG）による安定供給への貢献を具体的な対価として明らかにする効果があり、その対価は、発電費から送電費に移転される[15]。

2-4-6　ヨーロッパにおける周波数変動問題

　BGとSOが需給調整に関して役割を分担する方式は、ヨーロッパで一般的な方式である。しかし、日本がこの方式に移行して、現在と同等以上の安定供給のパフォーマンスが維持されるかどうかは課題がある。先例であるヨーロッパにおいて、従来見られなかった周波数変動が顕在化しており、この状況が日本における検討でも参考になるので、以下紹介する。

　図表2-8は、ヨーロッパの電力系統（UCTE[16]系統）における1日の周波数の変動を示している。毎正時のところで周波数が定期的に大きく変動していることがわかる。また、15分ごと30分ごとでも正時のところほど大きくないが、規則的な変動がある。

---

[15]　垂直統合体制の下では、一般電気事業者は初めから図表2-6の右図の運用を行うので、増分コストが意識されることはまずなく、その多くが一般電気事業者の発電コストとして整理されてきた。法的分離は、分離した発電・小売会社の電力供給コストを相対的に下げる、と先に述べたのはこれによる。
[16]　Union for the Co-ordination of Transmission of Electricity、大陸ヨーロッパの系統運用者の団体のこと。

図表 2-8　UCTE 系統における 1 日の周波数の変動（2009年12月の平均）

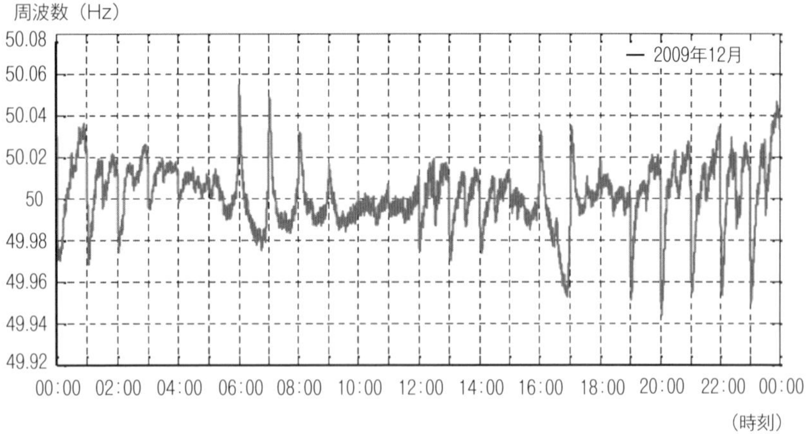

（出所）　ENTSO-E, EURELECTRIC（2011）.

　この原因は、端的に言うと、BG と SO が役割を分担している需給調整の仕組みそのものにある。BG は 1 時間等の積分値で需要と供給を合わせる義務しか負わず[17]、通常、各瞬間における需給バランスを意識することはない。自由化が進展すれば、このような BG が増えるので、周波数変動は年々大きくなっている。つまり、図表 2-6 の②のような電源運用をする BG が増えれば、SO による需給調整の負担は増える。それに対応して調整力を確保する量を増やさなければ、周波数の変動が大きくなる[18]。また、卸電力取引所で取引される電気も、1 時間あるいは30分等、一定の時間における積分値で所定の電力量を供給するものであるので、卸電力取引所の取引される電気が増えることも、周波数変動の要因になりうる。

　図表 2-8 をみると、朝方あるいは夕方の変動が特に大きい。これらは、朝は需要の立ち上がり、夜はピークをはさんで、電力需要が大きく変動する時間帯である。ENTSO-E, EURELECTRIC（2011）によれば、これら時間

---

[17] 前述のとおり、日本では BG は30分ごとの積分値で需給を一致させることが求められる。ヨーロッパでは、国によって違うが、1 時間ごとのケースが多いようである。
[18] 極端に言えば、すべての BG が図表 2-6 の②の電源運用を行う場合は、周波数制御の応動可能範囲は同じ図中に示した大きな幅を用意しなければならない。

38

第2章
発送電法的分離とは何か

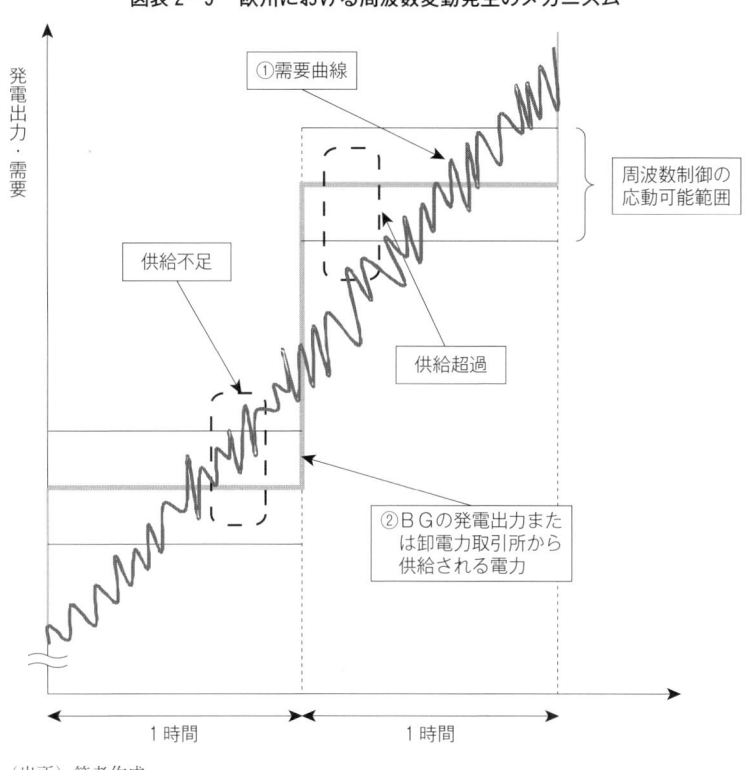

図表2-9 欧州における周波数変動発生のメカニズム

（縦軸）発電出力・需要

①需要曲線
周波数制御の応動可能範囲
供給不足
供給超過
②ＢＧの発電出力または卸電力取引所から供給される電力

1時間　1時間

（出所）筆者作成。

帯で周波数変動が大きくなる理由は、図表2-9にイメージを示したが[19]、需要曲線が①のとおり滑らかに上昇（あるいは下降）している一方で、BGあるいは卸電力取引所からの電力供給が②のようなステップ状であることによる。この図の場合、見ればわかるとおり、1時間1コマの境目の直前が供給不足、直後が供給超過となるため、周波数の大幅な低下と上昇がコマの境目付近で定期的に繰り返されることになる。

19　図表2-8と平仄を合わせて、1時間1コマとしている。

39

2-4-7 日本での法的分離検討に求められること

　法的分離後の需給調整について、欧州の方式をそのまま模倣するだけでは、日本でも同様の問題が起こると思われる。この問題は、現在の垂直統合体制が仮に維持されたとしても、30分積分値の需給バランスだけを意識する新電力や卸電力取引所を通じた電力供給のウェイトが高まれば、理論上起こりうる問題であるので、法的分離の実施の有無にかかわらず、意識すべきである。また、日本の需要変化速度がヨーロッパよりも大きいことも念頭に置く必要がある。図表2-8はヨーロッパの電力系統で、2009年冬の朝及び夕方の時間帯に、0.06Hz程度の周波数の変動が定期的に見られていることを示しているが、日本の電力系統では、朝の需要の立ち上がりや昼休み前後の需要急変時における周波数の変動はさらに大きくなることが想定される。

　2-4-1で述べたとおり、法的分離を行い、一般電気事業者をBGとSOに分割することは、従来、垂直統合体制の下での社内部門間調整を、BGとSOとの間の、対価を伴った契約あるいはルールに置き換えることである。それを通じて、これまであまり意識されなかった発電部門による安定供給への貢献の対価を明確化し、送電費に移転することで、対等な競争環境を創出する意義がある。ここでは、需給調整について重点的に取り上げたが、発電部門による安定供給への貢献は、他にもさまざまな形で行われており、すべからく適切な契約あるいはルールのあり方を検討していく必要がある。もちろん、その新たなスキームは、これまでの電力品質を維持できるものであることが求められよう。ここで重点的に取り上げた需給調整は、日本よりも条件が恵まれたヨーロッパでも問題が顕在化しており、海外の先例の単純な模倣に止まらないさらなる工夫が求められる分野と言える。

参考文献
Baumol, W., J. Panzer, & R. Willig（1982）*Contestable markets and the theory of industry Structure*, New York: Harcourt Brace Jovanovich.

ENTSO-E, EURELECTRIC（2011）"Deterministic frequency deviations ― root causes and proposals for potential solutions," A joint EURELECTRIC ― ENTSO-E response paper.

Joskow, P. & R. Schmalensee（1983）*Markets for Power*, Cambridge, Massachusetts: The MIT Press.

Kaserman, D. & J.W. Mayo（1991）"The measurement of vertical economies and the efficient structure of the electric utility industry," *Journal of Industrial Economics*, 39(5), pp. 483-502.

Meyer, R.（2012）"Economies of scope in electricity supply and the costs of vertical separation for different unbundling scenarios," Journal of Regulatory Economics, Vol. 42, pp.95-114.

Michaels, R.J.（2004）"Vertical integration: The economics that electricity forgot," *The Electricity Journal*, 17(10), pp. 11-23.

Williamson, O.E.（1971）"The vertical integration of production market failure considerations," *American Economic Review*, 61(2), pp. 112-123.

経済産業省（2012）『第4回電力システム改革専門委員会　参考資料1-2　事務局提出資料』pp.18-20。
http://www.meti.go.jp/committee/sougouenergy/sougou/denryoku_system_kaikaku/pdf/004_s01_02e.pdf

後藤美香・井上智弘（2012）「電気事業の構造改革に関する経済性分析―わが国電気事業の費用構造分析―」電力中央研究所報告 Y11009。

電力システム改革専門委員会（2013）『電力システム改革専門委員会報告書』。
http://www.meti.go.jp/committee/sougouenergy/sougou/denryoku_system_kaikaku/pdf/report_002_01.pdf

松村敏弘（2011）『「発送電一貫」の欠陥　検証を―電力市場制度改革の視点―』日本経済新聞「経済教室」（2011年12月20日付）。

コラム２：発送電分離と停電

「発送電分離をすると、停電が増えるのではないか」という声を時々耳にする。他方、「発送電分離をしても停電は増えない」とする論者もいる。実際のところ、発送電分離と停電の関係は、どのように考えるべきなのか。

停電が起こる理由は大きくふたつある。①送配電設備の故障によるものと、②電気が足りないこと、つまり需要に発電能力が追いつかないことによるものである。そして先進国においては、（正確な統計があるわけではないが）停電の99%は前者、つまり送配電設備の故障によるものだ。

したがって、「日本の停電時間が短いのは、発電設備に過大投資をしてきたからだ」と主張する向きがあるが、実際は電気が足りないことによる停電は稀であるし、欧米諸国の電力システム改革は、多くが日本以上に需要に対して発電設備が過剰な状況で行われたのだから、論点がずれている[注1]。

現状、停電の大半は送配電設備の故障によるものであるので、「日本では停電が少ない」は、「日本では送配電設備の故障による停電が少ない」とほぼ同義である。それでは、送配電設備の故障による停電時間が少ない理由は何か。考えられるのは、大きく次の３点である。

(1)　送配電設備の故障を減らす。
(2)　送配電設備が故障しても、停電の発生あるいはその広域化を未然に防止する。
(3)　停電に至っても、早期に復旧させる。

以下、それぞれについて日本の状況をコメントしていく。

まず、「(1)送配電設備の故障を減らす」には、投資や修繕が適切な水準に維持されている必要があるが、これは今後も料金規制の下で適切な費用回収が認められることによって、維持されると期待しよう。ただし、それでも、設備の故障はゼロにはならないし、雷や台風等の自然災害もある。したがって、「(2)送配電設備が故障しても、停電の発生あるいはその広域化を未然に防止する」が重要である。その点について、日本の電力システムは大変優れている。ごく簡単な例を図表２-10に示した。

図表２-10に示す送電線３ルートのうち、１ルートが故障したとする[注2]。この段階で特に対策をとらなければ、残る２ルートで送電を行わなくてはならないが、このルートに、２ルートでは持ちこたえられない電流が流れる場合は、残った２ルートもダウンするドミノ倒しとなり、広域停電となってしまう。

そこで、日本の電力システムでは、１ルートが故障した段階で、系統安定化リ

第2章
発送電法的分離とは何か

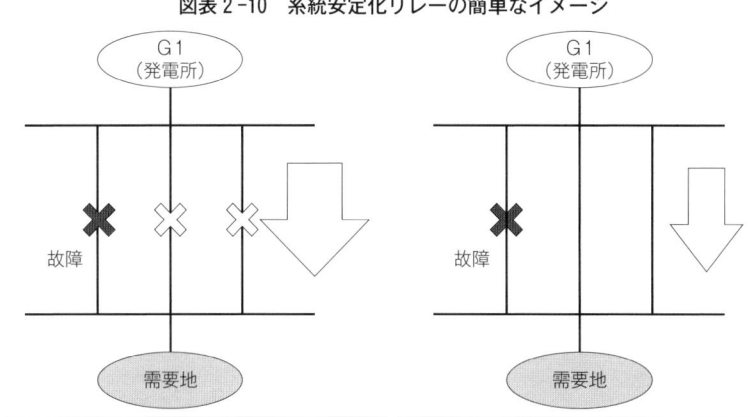

図表2-10 系統安定化リレーの簡単なイメージ

◆ 故障を放置すると、残る2ルートも容量オーバーでダウンし、広域停電の恐れ	◆ G1の出力を抑制し、潮流を抑制。需要地で必要最低限の停電の可能性あり

（出所）筆者作成。

レーと呼ばれるシステムが稼働し、この送電ルートを流れる電流を残った2ルートで持ちこたえられる量まで即座に抑制する。この図で言えば、G1の発電量を迅速に抑制する。その結果、需給のバランスが崩れるので周波数が低下することになるが、系統全体として持ちこたえられる程度の低下であれば、停電は発生しない。持ちこたえられない周波数低下であれば、必要最小限の停電を人為的に発生させることになるが、停電範囲は狭い範囲に抑えられる。

　また、このような調整を事前に予防的に実施することもある（潮流調整と呼ぶ）。雷雲の接近等である送電ルートのリスクが高まった時、あらかじめ当該ルートの潮流を一定値以下に抑制しておけば、実際に落雷で故障が起こっても、周波数の動揺は抑えられる。これもごく簡単な例を図表2-11に示す。左図が通常の系統である。ルートL1に雷雲が接近した時は、右図のように発電所G1の出力を抑制し、L1の潮流を減らすことで、落雷の際のリスクを減らすことができる。G1の電力供給の減少分は、発電所G2に余力があれば、出力を増加させて賄う。この場合、G1の発電コストはG2より安いので潮流調整によってコスト増となるが、リスク回避を重視して、このような対応を行う。

　図表2-12にここ数年に先進国で発生した、基幹送電設備の故障による停電を示した（大規模災害によるものは除いている）。きっかけはいずれも基幹送電設備が何らかの理由で故障したことによるものであるが、海外では図表2-10のような系統安定化リレーは設置されておらず、日本に比べて停電規模が大きい。

43

図表 2-11　予防的な潮流調整のイメージ

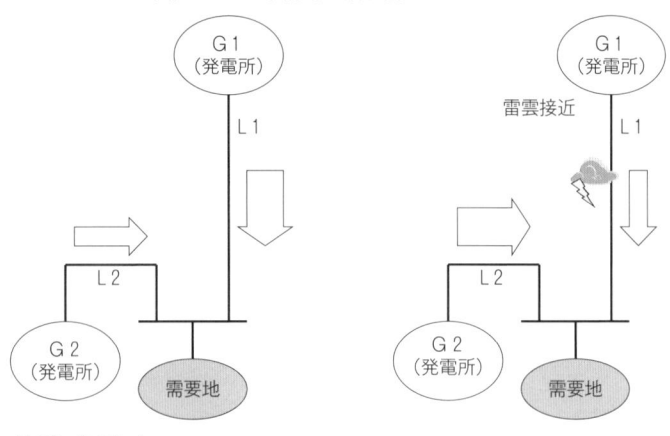

(出所）筆者作成。

図表 2-12　最近の基幹送電設備故障による停電

発生月日	発生場所	原因（きっかけ）	停電規模	復旧時間
2003年8月	北米北東部	オハイオ州内で送電線の樹木接触	約6000万kW	29時間以上
2003年9月	イタリア	スイスとの国境送電線の過負荷（過熱）	約2000万kW	18時間
2006年8月	関東地方	クレーン船が送電線と接触・破損	約200万kW	1時間
2006年11月	欧州数カ国	ドイツの送電事業者の人為的ミス	約1700万kW	2時間

(出所）海外電力調査会の情報等に基づき筆者作成。

「ドミノ倒し」を防ぎきれずに、停電が広域化し、復旧にも時間がかかっている。対して、日本の事例は、停電範囲を限定することに成功し、復旧が迅速に行われた結果、停電時間は短くて済んでいる。

「(3)停電に至っても、早期に復旧させる」については、日本では、前述の系統安定化リレーや予防的な潮流調整により、停電が起きても広域化しないような工夫が常になされており、これが迅速な復旧に大きく貢献している。そのほか、配電システムの自動化[注3]が欧米諸国よりも進んでいることも強みになろう。また、大規模災害においても、発電から送電・配電・需要設備まで相互に整合をとった迅速な復旧作業が行えるように備えている。2011年3月の東日本大震災では、東北電力が、1000年に一度と言われる大地震、大津波に襲われ、広範囲にわたる設

備の損傷があった中で、1カ月で停電を解消している。対して、米国では、毎年襲ってくるハリケーンからの復旧に、1カ月以上かかることも珍しくない。

　以上、日本で停電が少ない理由をいくつか紹介した。発送電分離（法的分離）後もこれらが維持されるのかどうかであるが、そのために必要と思われることを列挙してみる。

(1) 託送料金規制を通じて、投資や修繕に関する適切な費用回収が認められることが必要である。

(2) 系統安定化リレーや予防的な潮流調整は、送配電会社の権限の下で運用されることになるが、2-4で説明した「発電部門による安定供給への貢献」に相当するものなので、その費用については託送料金等により適切に費用回収し、発電事業者に対価として支払われることが必要である。

(3) 大規模災害時の事故復旧については、発送分離により事業主体が分かれたとしても、お互いに協力してスムーズな復旧が行われるよう、送配電会社と新電力を含めた発電・小売事業者の協調対応をルール化し、体制を整えることが必要である。

(戸田直樹)

注1　もっとも、昨今、電力システム改革を行った複数の国や地域で、過去の遺産である余剰電源を食いつぶされるに伴い、単に市場に委ねるだけでは、必要な電源投資が促されない、という問題が顕在化している。この問題が将来深刻化すれば、「電気が足りないことによる停電」が増える可能性があるが、これは、自由化そのものの問題であって、発送電分離とは直接関係はない。この問題は第4章で取り上げる。

注2　1ルートは通常2回線で構成されており、ここで想定する故障は2回線ともダウンする故障である。

注3　遠隔操作で故障箇所の切り離し、再送電ができることにより、停電時間の短縮に貢献している。

第3章

小売全面自由化とは何か

3-1 限界費用料金制度の構造 —消費者利益の検討—

3-1-0 はじめに

　本章では電力規制改革の中核のひとつである限界費用による電力料金決定システムが効率的か否かを経済学の基本概念である余剰（surplus）というタームを用いて分析する。余剰は市場が消費者の経済的厚生水準にどのように貢献するかを測る指標である。経済政策は最終的に消費者の厚生が上昇することを目指すものだから、電力システム改革も例外ではない。しかしながら東日本大震災以後の電力システム改革論では消費者の厚生という面では、消費者の選択の自由が増えるという程度のことしか言及されていない。最も大事なことは、現状のいわゆる「総括原価」主義から「限界費用」料金方式に変われば、消費者の余剰は増大するか否かである。一般的には消費者余剰と生産者余剰の和として社会的余剰が定義されるが、ここでは生産者余剰を次のように考える。電力産業は固定設備部分が巨大であるために限界費用で電力料金をつけると赤字が発生する。発生する赤字を何らかの方法で補塡しなければ電力産業自体の経営はどのような経営形態をとるにしても破綻せざるをえない。一方、国民経済にとって電力サービスをなしで済ますことはできない。そこでこの赤字を補塡するための黒字が必要である。生産者余剰はこの黒字部分に相当する。したがって以下の分析では生産者余剰を「黒字」

と呼ぶことにする。つまり社会的余剰とは消費者余剰と「黒字」の和である。

　本章ではこの目的のために事態を極端に単純化して、消費者あるいは平均的な家計が制度改革によってどのような影響を受けるかを分析する。そのために電力会社は卸電力市場でのみ電力を調達してこれを消費者に販売するというモデルを考える。卸市場は1日前市場、1時間前市場、リアルタイム市場などで価格が形成され、絶えず変動にさらされているので電力価格は本来は確率変数である。これは本当は大問題なのだが、本章では価格の確率的変動は無視する。また現実の電力会社は卸電力市場で仕入れた電力を単純に小売するわけではないが、そのような諸条件をつけると問題の本質は見えにくくなる。限界費用原理を導入するというなら、小売の電力価格は発電の限界費用をそのまま反映していなければならない。逆にそうでなくするような改革案なら本当に限界原理が働いているのか否かは不透明になってしまう。さらに送電コストはゼロと仮定する。したがってここでの分析は、将来ある時点で電力会社は電力をすべて卸市場で仕入れ、それを小売市場で限界費用で売るという原理が完全に貫徹するとしたら、消費者はより幸福になっているかを分析することである。

3-1-1　時間帯別需要と支払い意欲

　電力料金を分析するためには、第一のステップとして1年間の電力需要をベース、ミドル、ピークという3つの時間帯に分けて考えるのが有益である。それは電力というものが、必要となったら即座に消費しなければ意味がないという特殊な性格を持つからである。例えば温度が38℃になったり、マイナス2℃になったりした時は、エアコンをその場で使うことに意味がある。これを1時間後に延期すればエアコンを使う効用は失われてしまう。もちろんなかには電気の使用を後にのばすということができるものもある。工場では電気料金が深夜に安いとすれば、昼間でなく夜に操業することを選ぶかもしれない。このように考えると電力という商品の効用は「いつ」使うかというタイミングに依存していることがわかる。効用を人々が最大でいくらまで支

払う用意があるか、つまり支払い意欲（willingness to pay：以下、WTP）という用語で置き換えると、人々の支払い意欲は時間帯によって異なるということができる。人々がどうしても電力を消費したいという時（例えば猛暑の時間帯）は、支払い意欲は高くなる。つまり普通の温度である時よりも、何倍かの料金を支払おうとする意欲が高まる。これに対して日常的な条件で活動している時の電力への支払い意欲はこれよりも低くなる。そこで分析を行うためにベース、ミドル、ピークという分類を行い、それぞれの時間帯ごとの支払い意欲あるいは需要曲線は異なる傾きと高さを持つというモデルを導入する。3つのタイプの需要は主に温度および人々の1日における活動水準に依存する。まずどうしても電気を使う必要に迫られる猛暑や酷寒の時期には電力需要は急激に上昇するのでWTPは最も高い。次に1日のうちで社会活動が最も繁忙となり始める午前後半から夕方までは1年を通じて需要はそれ以外の時間帯よりも大きい。人々が帰宅し在宅している時間帯は他の時間帯に比べれば電力需要の緊急度は低くなる。このようにタイプ分けをして1年つまり8760時間をピーク時間、ベース時間、そしてその中間のミドル時間に分けることができる。電力を供給する発電設備もベース電源、ピーク電源、ミドル電源に分けられる。ベース電源は1日24時間絶え間なく電気を供給するのに対し、ピーク時やミドル時のみに出動するのがピーク電源とミド

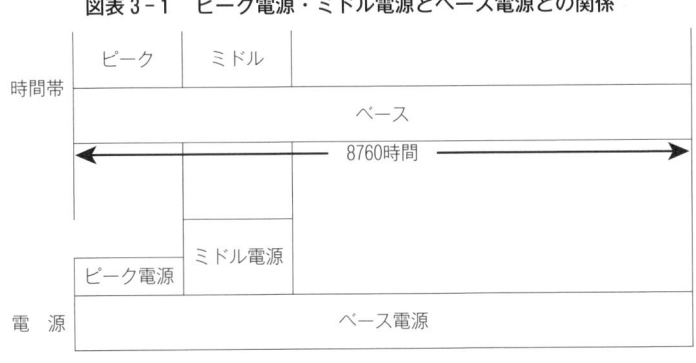

図表3-1　ピーク電源・ミドル電源とベース電源との関係

（出所）筆者作成。

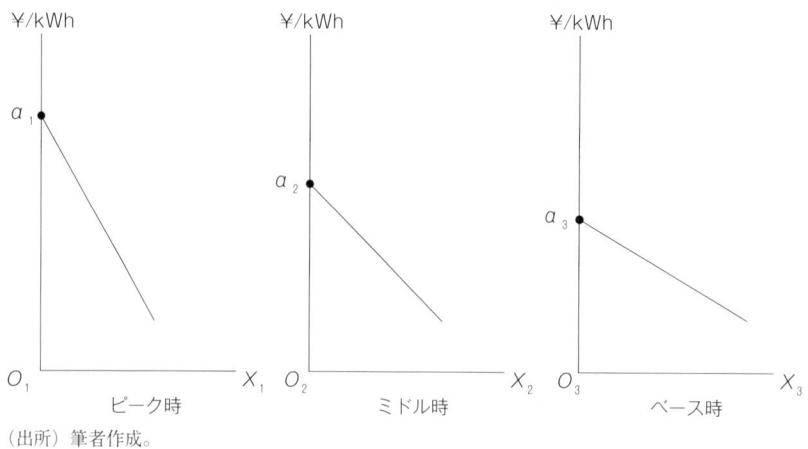

図表 3-2　ピーク時・ミドル時・ベース時間帯の WTP

ル電源である。両者の関係を図示すると図表 3-1 のようになる。ただし図は実際の大きさそのものを示すものではないことに注意されたい。

　それぞれの時間帯の WTP あるいは需要曲線は発電量＝受電量を X とすると図表 3-2 のように表される。

　各時間帯の WTP は次の一次式の需要関数で示されるとしよう。

　　　　ピーク：$P=a_1-b_1X_1$
　　　　ミドル：$P=a_2-b_2X_2$
　　　　ベース：$P=a_3-b_3X_3$

　a は電力供給がゼロに近づいたら最大限いくらまで支払う意欲があるかを示している。b は電力料金が上がった時、どれくらい使用量を減らすかを示している。ピーク時ではどうしても電力が必要となるので a_1 は最も高いとともに、たとえ料金が高くても使用量を減らそうとしないから b は小さい。これに対してミドル、ベースとなると a の値は次第に低くなるとともに、傾きの b は次第に大きくなる。

3-1-2 時間帯ごとの消費者余剰

以上のような各時間帯ごとの料金がそれぞれ P_1, P_2, P_3 と定められたとしよう。この時、消費者はどれだけの便益を得るかは図表3-3の斜線で示される消費者余剰（consumer's surplus：以下、CS）によって測られる。消費者余剰とはある料金が決まった時、最大でいくらまで利用者が支払う用意が

図表3-3　各時間帯ごとの消費者余剰

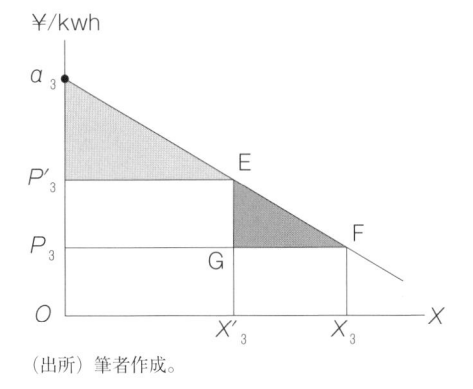

（出所）筆者作成。

図表3-4　料金水準の変化と消費者余剰の変化

（出所）筆者作成。

あるかを面積で示したものである。

消費者余剰は資源配分の効率性を考える時に中心をなす概念である。図表3-4で示されるように料金の水準が異なれば消費者余剰の大きさが変化する。

例えばベースの時間帯における料金P_3がP'_3へ上昇したとしよう。するとP'_3の消費者余剰の大きさは次の3角形$a_3EP'_3$に減少する。これは料金が上昇したので人々の電力使用量がX_3からX'_3へ減少するからである。この結果社会全体として見ると3角形EFGという大きさが誰の手にも入らない損失（dead weight loss：以下DWLと略す）として発生せざるをえない。これは社会にとっての純損失であり、その分だけ資源配分の効率性は低下する。

以上のように時間帯ごとに消費者余剰がどのような大きさを観察することで効率性の判断をすることができる。

3-1-3　発電の規模の経済性

電気を発電する発電所の規模はさまざまである。どのような規模を選ぶかは、前節の需要のパターンに依存する。発電所は典型的な装置産業なので規模が大きいほど平均費用が低下するという技術的な特性がある。したがって大きな需要量が予想されるベース時間帯に向けては大規模な発電所というテクノロジーがフィットし、たまにしか発生しないピーク時間帯については小規模な発電所を選ぶことが合理的である。図表3-5は平均費用と限界費用によって規模ごとに違うテクノロジーの発電所を選ぶのが合理的であることを示している。

図表3-5で横軸はピークからベースまでの1年間の発電量（kWh）を示し（図表3-1参照）、これは図表3-1を横軸上に並べたものである。X_1, X_2, X_3はピーク、ミドル、ベースの時間帯である。各時間帯ごとに平均費用が最も安くなる発電所を選ぶことがコストの最小化をもたらす。需要の規模はピーク時で最も小さく、ミドル、ベースとなるに従って大きくなる。発電所には規模の経済が働くので、ピークには小規模、ミドルには中規模、ベー

図表3-5 発電の規模の経済性

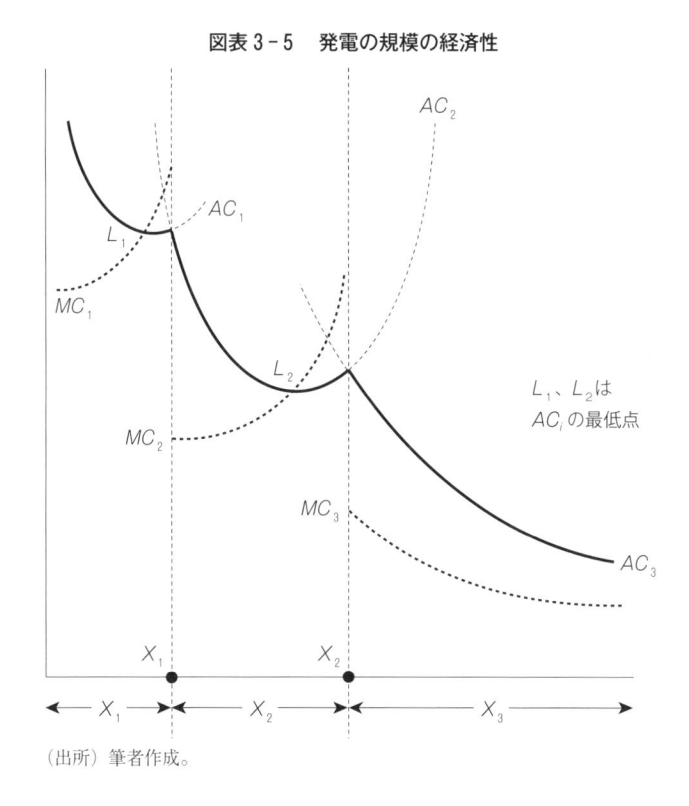

スには大規模の発電所を選ぶことが合理的である。図表3-5でそれぞれの規模の発電所の平均費用がAC_1, AC_2, AC_3である。例えばAC_1とAC_2を比べると、AC_1とAC_2が等しくなる発電量X_1の左側ではAC_1の方がAC_2よりも小さく、右側ではAC_2の方がAC_1よりも小さい。次に発電量X_2で比べるとX_2の左側ではAC_2の方がAC_3よりも小さいが右側ではAC_2の方が大きくなる。したがって平均費用の最も小さいテクノロジーを選べば太線のACのような曲線（包絡線）が得られる。これが発電における規模の経済性を示した長期平均費用曲線である。

次に注目せねばならないのは各平均費用に対応した限界費用である。各平均費用の限界最低点を通る費用MC_1, MC_2, MC_3が描ける。MCはACと異

なって連続しておらず長期限界費用は「のこぎり」の歯のような不連続の形をしている。

3-1-4　電気事業のコスト構造

　発電所のコスト構造についてその特徴をここで述べておこう。発電所の固定費は設備として主としてボイラー、タービン、発電機から成り、可変費は燃料費が主である。時間帯別に分けてみると、1年間の需要の中心を占めるベースが電力設備全体の80％以上を占める。ミドルとピークがこれに続き、その設備は全体の20％に達しない。したがって電力事業全体の固定費を F としてピーク、ミドル、ベースのそれぞれを F_1, F_2, F_3 とすれば

$$F = F_1 + F_2 + F_3$$

可変費を V とすると可変費 V_1, V_2, V_3 の固定費に対する比率は非常に低い。

　さらに以下の分析に必要な平均費用と原価費用の関係を導入する。まず平均費用 AC を生産量 X で微分すると次の関係が成立する。

$$\frac{dAC}{dX} = \frac{1}{X}\left(\frac{dC}{dX} - \frac{C}{X}\right) = \frac{1}{X}(MC - AC) \tag{1}$$

これを変形すると

$$MC > AC \text{ の時} \qquad MC = (1 + \theta_i) AC \tag{2}$$

$$MC < AC \text{ の時} \qquad MC = (1 - \theta_j) AC \tag{3}$$

ただし $\theta = \dfrac{dAC}{AC} \cdot \dfrac{X}{dX}$

　θ は平均費用の生産量に関する弾力性である。これらの関係は後述の分析（61頁参照）で重要な役割を果す。

3-1-5　RORによる料金

　前項までで分析のツールが準備されたので、総括原価による料金決定方式（ROR）と短期限界費用料金方式（SMC）とを効率性という指標によって比較してみよう。すなわちふたつの方式での消費者余剰を計算して、大小を見

第3章
小売全面自由化とは何か

てどちらが消費者にとって経済的厚生が高いかを判定するのである。

ROR方式ではベース時間帯については2部料金という2段階の料金徴収を行う。まずベースの電力を供給する限界費用に基づいて電気の使用量に応じて料金が課せられる。すなわち図表3-6のMC_3が1kWhあたり消費する時の料金である。これとWTPの交点で消費量が決まる。この時、消費者余剰はa_3HP_3である。しかしMC_3はAC_3よりも小さいので必然的に赤字が$P_A GHP_3$だけ発生する。

赤字額は

$$P_3 X_3 - P_A X_3 = MC_3 \cdot X_3 - AC_3 \cdot X_3$$

(3)の関係を使うと

$$= (1-\theta_3) AC_3 \cdot X_3 - AC_3 \cdot X_3 = -\theta_3 C_3$$

ただしθ_3はベースの平均費用の弾力性である。つまり限界費用料金では必ずこの赤字が発生する。2部料金ではこれを基本料によって回収する。基本料は利用者の支払い能力に応じて料金の差をつけWTPに影響を与えないように分配上の工夫をして、消費者余剰が不変となるようにする。結果としてベース時間帯ではa_3HP_3だけの消費者余剰が生み出される。

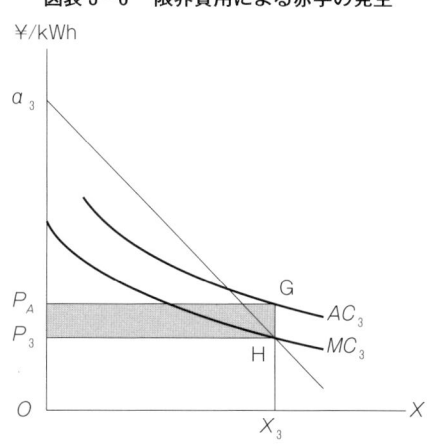

図表3-6　限界費用による赤字の発生

(出所) 筆者作成。

図表 3-7　MC 料金と AC 料金の消費者余剰の比較

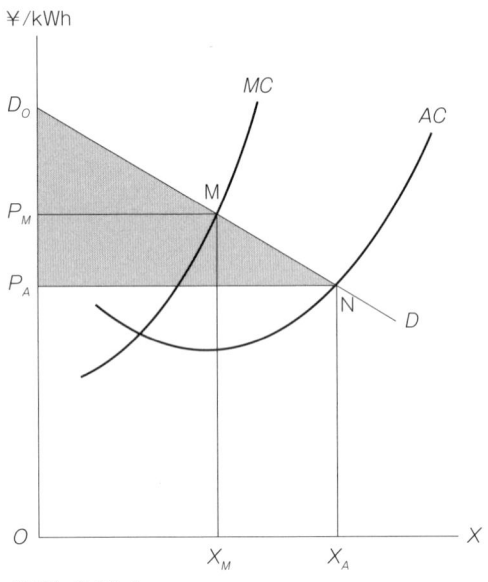

(出所) 筆者作成。

図表 3-8　ROR のもたらす消費者余剰

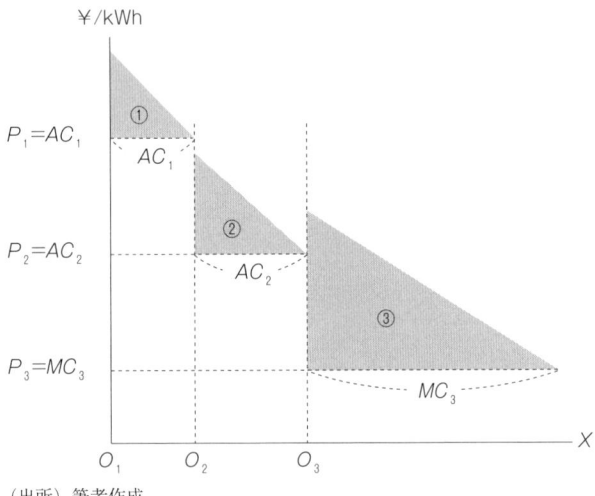

(出所) 筆者作成。

第3章
小売全面自由化とは何か

　次にミドルとピークについては限界費用は平均費用よりも高いので、平均費用によって料金を徴収する方が消費者余剰は大きくなるとともに、赤字は発生しない。これを図示すると図表3-7のようになる。

　D_OD を需要曲線として限界費用 MC でつける時の料金を P_M、平均費用 AC での料金を P_A とする。P_M, P_A に対応する需要量は X_M, X_A となる。この時、消費者余剰は MC 料金では D_OMP_M、AC 料金では D_ONP_A であり、AC 料金の方が消費者余剰は P_MMNP_A だけ大きい。

　ROR ではベースについては限界費用料金と基本料金徴収、ミドルとピークについては平均費用料金を課するので消費者余剰は図表3-8のようになる。ただし図表3-2の原点 O_1, O_2, O_3 を同じ横軸上にとって並列させてある。

3-1-6　SMCによる料金

　ROR ではベースについて限界費用により消費者余剰の最大化を実現したが、ミドルとピークについては平均費用で料金を決定した。これに対してSMC の方式ではミドルとピークについても限界費用で料金を決定する。ベースについては ROR と同じく赤字が F_3 で発生するが、もはや2部料金制度は存在しないのでこの赤字を回収できなければ電力会社は存続しえない。しかし SMC ではピークとミドルについても限界費用で課金するので、このふたつの時間帯では図表3-9と図表3-10の $P_1α\delta C_1$ および $P_2α'\delta'C_2$ の黒字を生み出すことができる。そこで SMC は ROR と比べてどれだけ消費者に貢献するかを調べてみよう。

　SMC ではピーク時の需要曲線 a_1D_1 と MC_1 の交点で需要量 X^*_1 が決まる。この時ピーク料金は P_1 であるから消費者余剰は斜線部の④となる。もし ROR 方式なら a_1D_1 と AC_1 の交点で需要量が決まることになるから消費者余剰は $P_1αβP'_1$ だけ SMC よりも大きい。しかし SMC の料金は P_1 でコストは C_1 なので $P_1α\delta C_1$ だけの黒字が発生する。今 $αβγ$ の面積を無視する[1] と SMC

---

[1] 詳細については南部鶴彦「電力産業の競争と規制（Ⅰ）」『学習院大学経済論集』51巻1号（2014年4月）を参照されたい。

図表 3-9 ピーク時 SMC 料金による黒字

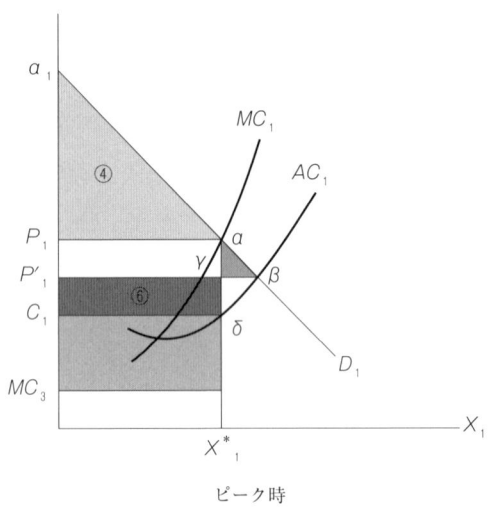

ピーク時

(出所) 筆者作成。

では消費者余剰の減少よりも大きい $P_1\gamma\delta C_1$ の面積だけ黒字の純増分がある（図表3-9の⑥）。この純増分はベース時に発生している赤字 F_3 を補塡する原資となるので、SMC が消費者にもたらす便益である。

SMC はさらに ROR にはない次の追加収入がある。ベース電源は限界費用 MC_3 で稼働しているがピーク時の料金は P_1 だから次の追加収入 R_P が生まれる。

ピーク時のベース電源に発生する追加収入 R_P
$$= P_1 X^*_1 - P_3 X^*_1 = (MC_1 - MC_3) X^*_1 \tag{4}$$

(2)で成り立つ関係を利用すると黒字純増分 $P'_1\gamma\delta C_1$ は黒字総額 $P'_1\alpha\delta C_1$ の一部だからその比率を $s_1 (0 < s_1 < 1)$ とすると[2]

$$P'_1\gamma\delta C_1 = s_1 P_1\alpha\delta C_1 = s_1(P_1 - AC_1) X^*_1$$
$$= s_1[(1+\theta_1) AC_1 - AC_1] X^*_1$$

2　詳しくは同上論文参照。

$$= s_1 \theta_1 C_1 \tag{5}$$

追加収入 R_P は

$$R_P = (MC_1 - MC_3) X^*_1 = [(1+\theta_1) AC_1 - (1-\theta_3) AC_3] X^*_1$$

$$= (1+\theta_1) C_1 - (1-\theta_3) C_3 \frac{X^*_1}{X_3} \tag{6}$$

ミドル時についても同じように消費者にとっての便益を計算することができる。

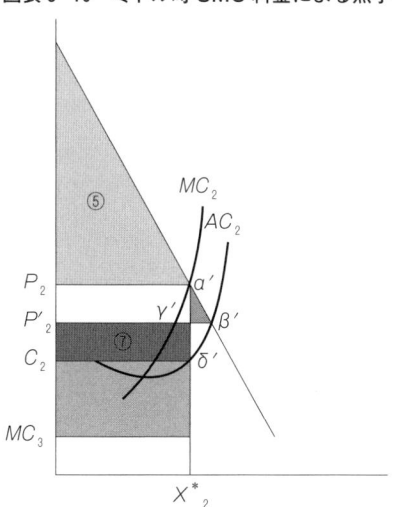

図表 3-10 ミドル時 SMC 料金による黒字

(出所) 筆者作成。

ミドル時の消費者余剰の減少分を差し引いた黒字純増分 (上図の⑦) は黒字総額 $P_2 \alpha' \delta' C_2$ の一部 $s_2 (0 < s_2 < 1)$ なので

$$P'_2 \gamma' \delta' C_2 = s_2 P'_2 \delta' C_2$$
$$= s_2 (P_2 - C_2) X^*_2$$
$$= s_2 [(1+\theta_2) AC_2 - AC_2] X^*_2$$
$$= s_2 \theta_2 C_2 \tag{7}$$

一方ミドル時にもベース電源は次の追加収入 R_M をもたらす。

$$R_M = (P_2 - MC_3) X^*_2 = [(1-\theta_2) AC_2 - (1-\theta_3) AC_3] X^*_2$$

$$= (1+\theta_2) C_2 - (1-\theta_3) C_3 \frac{X^*_2}{X_3} \tag{8}$$

3-1-7 消費者の視点からのRORとSMCの比較

 以上の分析からRORという2部料金と平均費用の組み合わせによる料金制度とSMCという限界費用のみによる料金制度を消費者の視点から比較する用意ができた。

 RORは2部料金を採用するのでベース時に発生する赤字を基本料で回収することができる。この結果、消費者余剰で測る消費者の便益は図表3−8に示される①+②+③である。

 これに対してSMCではベース時の赤字はミドルとピーク時がもたらす黒字で賄わなければならない。もしこれらの収入が固定費の回収に不十分な時は、電力会社は存続できず消費者は電気の供給を失うことになる。しかし社会的基本財である電気をなくすわけにはいかないので、固定費未回収分は消費者の何らかの追加課税として徴収されねばならない。すなわちこの時は消費者の便益は未回収額だけ減少し、SMCはRORよりも効率性において劣るということになる。

 そこでSMCではどれだけ黒字が発生するか計算してみよう。すでに見たように黒字の源泉はピーク時の(5)(6)とミドル時の(7)(8)である。これとベースの赤字 $\theta_3 C_3$ との差を D とすると、

$$D = s_1\theta_1 C_1 + (1+\theta_1) C_1 + s_2\theta_2 C_2 + (1+\theta_2) C_2 - (1-\theta_3) C_3 \frac{X^*_1 + X^*_2}{X_3} - \theta_3 C_3$$

$$= (1+\theta_1+s_1\theta_1) C_1 + (1+\theta_2+s_2\theta_2) C_2 - (1-\theta_3) C_3 \frac{X^*_1 + X^*_2}{X_3} - \theta_3 C_3 \tag{9}$$

 (9)式の D の正負を考察し、経済的含意を明らかにしよう。Dの正負はパラメータである θ_1, θ_2, θ_3 や D_1, D_2 に依存する。もし D が正の値をとりうる範囲が広ければSMCがRORよりも消費者の利益に貢献しうることにな

る。言い換えれば、全面自由化で小売市場に限界費用料金を適用することは経済的にみて効率的である。しかし D が負の値をとる可能性が高い時は、今回の電力システム改革で廃止されようとしている ROR の方が SMC よりも国民経済的に望ましい。

以下では(9)式を数量的に表示するためにいくつかの準備を追加する。

(a) 平均費用弾力性 θ は(9)式の第1項と第2項の収入を決定するパラメータである。以下の仮定を追加すると、θ は次のように書き直せる。

$$MC > AC \text{ の時} \qquad \theta = \frac{\omega+1}{F/V+1} - 1 \qquad (10)$$

ここでは可変費は発電量に比例すると仮定する。

$$V = vX \quad , \quad v = v(X)$$

v は生産量(発電量)1単位あたりの単価で燃料費に相当する。生産量が増大すると輸入が増大し、原油や LNG の価格が上昇するので v は上昇する。次に v の生産量に関する弾力性 ω を導入する。

$$\omega = \frac{dX}{dX} \frac{X}{v} \quad , \quad \omega > 0$$

さらに(10)式から θ が正であるためには

$$\omega > F/V$$

が必要である。ω は固定費/可変費の比率よりも大きい必要があることを示している。通常 F/V は1を大きく上回るので ω がこれより大きいことが要求される。

(b) 次に $MC<AC$ の時は

$$\theta = 1 - \frac{\omega+1}{F/V+1} \qquad (11)$$

この時 θ が正であるためには

$$\omega < F/V$$

ベース電源では発電量が極めて大きいので ω はもはや変化しないというのが通常とすれば $\omega=0$ とすることができる。この時は

$$\theta = 1 - \frac{1}{F/V+1} = \frac{F}{C} \tag{12}$$

つまりベース電源では

$$\theta_3 C_3 = F_3 \tag{13}$$
$$(1-\theta_3) C_3 = V_3 \tag{14}$$

となる。ベースの赤字は固定費 F_3 と一致する。

(c) ピークとミドルのコストを次のように書ける。

$$C_1 + C_2 = (1-k) C \quad , \quad 0 < k < 1 \tag{15}$$
$$C = C_1 + C_2 + C_3 \quad （電源の総費用） \tag{16}$$

したがって次式が成り立つ。

$$C_3 = kC \tag{17}$$

$$\frac{C_3}{C_1+C_2} = \frac{k}{1-k}$$

次のことにも注意しよう。

$$\frac{V_3}{C_1+C_2} \frac{X_1+X_2}{X_3} = \frac{V_3}{X_3} \frac{X_1+X_2}{C_1+C_2} = \frac{v_3(X_1+X_2)}{C_1+C_2} \tag{18}$$

すなわち右辺はピークとミドルの総費用に対する総可変費の比率である。
さらにベース電源の固定費比率を g として

$$F_3 = gC_3 \quad , \quad 0 < g < 1 \tag{19}$$

(9)の D が収支均衡する条件は次のように書ける。

$$1 + s\theta + \theta = \frac{F_3}{C_1+C_2} + \frac{V_3}{C_1+C_2} \frac{X^*_1+X^*_2}{X_3}$$

$$= \frac{k}{1+k} g + h \tag{20}$$

$$h = \frac{v_3(X_1+X_2)}{C_1+C_2} \tag{21}$$

ただしここでは単純化のために

$$\theta_1 = \theta_2 = \theta \quad , \quad s_1 = s_2 = s$$

第3章
小売全面自由化とは何か

としてある。

3-1-8 具体的な数値例

ここでJoskowの論文からコスト構造に関する数値例を求めてみよう（Joskow, 2006）（図表 3-11）。Joskowは米国電力産業を前提としているので、この数値例は日本とは異なる側面があるが、SMCが固定費をカバーできるか否かを見るには十分である。

図表 3-11 米国電力業のケース

	固定費 (Mw／年) 単位：ドル	可変費 (MwH／年) 単位：ドル	キャパシティ (Mw)	発電時間	総発電コスト 単位：ドル
ベース	240,000	68,540	14,694	3,427	59億
ミドル	160,000	124,460	4,871	3,556	12億
ピーク	80,000	142,240	2,435	1,778	4億
		計	22,000	8,760	77億

（出所）筆者作成。

図表 3-11から C_1, C_2, C_3と F_3とを概算すると

$$\frac{C_3}{C_1+C_2} = \frac{59}{18} \fallingdotseq 3.3$$

$$\frac{F_3}{C_3} = \frac{35}{59} \fallingdotseq 0.6$$

よって

$$\frac{k}{1-k}g = 3.3 \times 0.6 = 1.98$$

一方ピーク・ミドルの総費用に対する可変費比率は、つねにSMCの収支を改善する方向に働く効果を持つのでこれを無視する。

するとSMC方式が固定費をカバーできるためには

$$1+s\theta+\theta > \frac{k}{1-k}g$$

が必要である。つまり

$$(1+s)\theta > 0.98$$

$s = 0.1$ とすると

$$\theta > \frac{0.98}{1.1} \fallingdotseq 0.9$$

次に θ が約0.9である時の ω の値を求める。

図表３-11からピークとミドルの固定費・可変費比率 F/V を求めると

$$\frac{F}{V} = \frac{240,000}{266,700} \fallingdotseq 0.9$$

したがって

$$\frac{\omega + 1}{0.9 + 1} - 1 = 0.9$$

$$\omega = 2.6$$

すなわち燃料費の弾力性は３に近い値をとらなければSMCでは固定費をカバーすることができないことがわかった。これは現実の燃料費の調達方式からするとありえない大きさである。燃料費はスポット市場で調達されるとしても、長期契約によって大きな変動がないように配慮されて取引されている。したがって弾力性がこのような水準をとるためには超短期的なスポット取引のみで売買されるという非現実的なケースをSMCでは想定する必要があると考えねばならない。

3-1-9 まとめ

本節では、電力を各家庭に小売する時、電力会社が卸市場で電力を仕入れて、その仕入れ値で競争的に消費者に販売するという電力システム改革案について検討を行った。卸市場で仕入れるということは毎時変動する価格がそのまま小売価格に反映されるということである。そして総括原価主義を放棄するのでベース電源の赤字は２部料金では補填されない。この赤字分は変動するピークとミドルの料金で補填される必要があり、ピークとミドルの料金

は平均費用以上に上昇せねばならない。このような総括原価・2部料金制度からSMCという料金システムに変化する時、消費者便益の指標である消費者余剰はどのように変化するかを本節では計算した。そして赤字を補塡するとしたらピークやミドルでの限界費用の上昇率つまり価格の上昇率はどの位である必要があるかを推定した。日米などの電力産業の構造を前提とすると、ピークやミドルの限界費用、つまりそれを直接反映した発電量1単位あたりの単価は需要の10%の変動に対して約30%上昇することが必要となる。電力の必要度が高いピーク・ミドルの時間帯の料金がこれを反映した水準に上昇するというシステム改革案は本当に国民にとって望ましいのか。

消費者便益の変化と総括原価方式のもたらす諸弊害と比較していずれが望ましいのかについて本節で示したような分析は必須であるのにもかかわらず、こうした視点はこれまで欠如していたと思われる。

SMCという市場原理型の改革を行おうとすると政府による赤字解消のための新しい課税が必要となるというのは根本的な矛盾ではないだろうか。

3-2 日本の小売全面自由化後の問題

電力システム改革では2016年度を目途に、主に家庭用の需要家を対象とする小売電力市場が自由化され、すべての需要家が供給者を選択できるようになる。それは2段階で行われることになっており、図表3-12に示すように、最初に、参入が自由化された後、料金規制の「経過措置期間」となり、その間、電力会社（一般電気事業者）は引き続き規制された料金メニュー（以下、規制料金）を提供することになっている。ただし、一般電気事業者も、新規参入者と同様に、自由に設定した料金メニュー（自由料金）の提供は可能であり、経過措置期間中においても事業者間での競争が促されることが期待されている。この経過措置期間は、競争状況のレビューを実施して、競争が十分に進展したと判断された後に終了することになっている。終了すれば、電

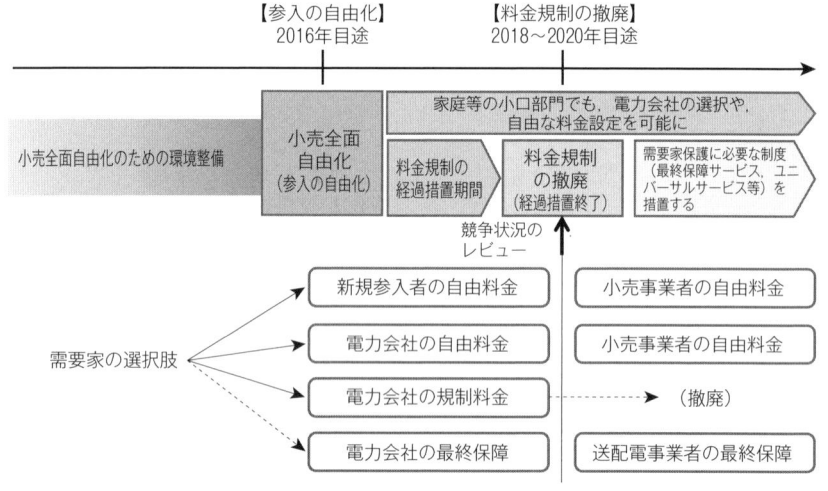

図表3-12　電力システム改革における小売全面自由化の工程表と需要家の選択肢

```
                           【参入の自由化】        【料金規制の撤廃】
                            2016年目途           2018〜2020年目途
─────────────────────────────┼──────────────────────┼──────────────────────→
                            │                      │
                            ┌──────┐  ┌─────────────────────────────────────────┐
                            │小売全面│  │家庭等の小口部門でも，電力会社の選択や，  │
                            │自由化 │  │自由な料金設定を可能に                   │
小売全面自由化のための環境整備  │(参入の│  ┌──────┐┌──────┐┌────────────────┐
                            │自由化)│  │料金規制の││料金規制││需要家保護に必要な制度│
                            └──────┘  │経過措置期間││の撤廃 ││(最終保障サービス、ユニ│
                                      │          ││(経過措置││バーサルサービス等)を │
                                      │          ││終了)   ││措置する              │
                                      └──────┘└──────┘└────────────────┘
                                       競争状況の     ↑
                                       レビュー
                                      ┌─────────────┐  ┌─────────────┐
                                  ───→│新規参入者の自由料金│  │小売事業者の自由料金│
                                  ／  └─────────────┘  └─────────────┘
                                 ／   ┌─────────────┐  ┌─────────────┐
                需要家の選択肢 ──→   │電力会社の自由料金 │  │小売事業者の自由料金│
                                 ＼   └─────────────┘  └─────────────┘
                                  ＼  ┌─────────────┐
                                   ─→│電力会社の規制料金 │──────→（撤廃）
                                      └─────────────┘
                                      ┌─────────────┐  ┌─────────────┐
                                      │電力会社の最終保障 │  │送配電事業者の最終保障│
                                      └─────────────┘  └─────────────┘
```

（出所）電力システム改革専門委員会報告書および第3回制度設計ワーキンググループ事務局提出資料より作成。

力会社に対する料金規制も撤廃され、電気料金は完全に自由化される。なお、契約した小売事業者が撤退してしまった需要家や、何らかの理由で小売事業者と契約できない需要家に供給を行う最終保障サービスは、経過措置期間中は電力会社が担うが、法的分離後は、送配電事業者が担うことになっている。

　すでに2000年以降、産業用や業務用の需要家を対象とする小売電力市場を自由化してきたわが国では、電力システム改革の議論の前から、全面自由化の可能性について検討されてきた。2007年に検討された際には、産業用や業務用の市場で競争を促すことが先決とされ、家庭用の小売自由化は時期尚早として見送られた経緯もある。ただ、小売全面自由化を実施してきた海外でも、家庭用の需要家をめぐる競争は十分に働かないのではないかということが懸念されてきた。わが国でも、これから小売全面自由化をした時に、改革の狙いどおり、需要家の選択肢が増え、競争が十分に働くのかどうかが重要なポイントとなる。以下では、競争が進まない理由とされる要因を踏まえて、条件によっては、わが国の小売全面自由化においても生じうる事態について

述べる。

3-2-1 競争状況を左右する規制料金の水準

海外で家庭用の小売市場での競争が活発にならなかったケースにおいては、安く設定された規制料金の存在がひとつの理由としてあげられている。欧州では、競争を活性化させるために、安い規制料金の撤廃が求められても、政治的な理由で撤廃できていない国は多い[3]。わが国でも、経過措置期間中の電力会社の規制料金が結果的に安く抑えられていれば、新規参入者や電力会社間の相互参入は起きにくくなる可能性がある。そうなると競争が進展しないという理由で経過措置期間は終了とならず、長引く可能性がある。米国でも、小売自由化をした多くの州で規制料金が残っており、経過措置期間中は、その水準を以前より引き下げて凍結するなどしていたが[4]、事前に期限を決めていた経過措置期間の終了後は、卸電力市場の価格を反映させるなどして、「市場価格」に近づけるような仕組みがとられている。わが国でも規制料金が適正な水準にあれば、効率的な供給者のみが参入して、競争を通じた料金の低下が期待できるが、そのような供給者の数は多くないかもしれない。

3-2-2 料金メニューの多様化の可能性

需要家の選択肢が増えるためには、単に参入する小売事業者の数だけでなく、料金メニューの多様化が進むかどうかも重要となる。海外で自由化を進めた国では、グリーン電力料金や、一定期間の料金水準を保証する固定型料金などが提供されている[5]。これらに加えて、震災後の電力不足に直面しているわが国では、特に「デマンドレスポンス」を促す料金メニューへの期待が高まっている。これは、需給逼迫時に料金を高くする代わりに、普段のオフピーク時の料金を安くするメニューで、ダイナミック料金とも呼ばれる。

---

3 筒井他（2013）を参照。
4 服部（2013）を参照。
5 詳細は後藤・蟻生（2013）を参照。

このような料金メニューを柔軟に設定できるようにするためには、時間帯ごとに消費量を記録できるスマートメーターが普及することが前提となるが、わが国では、今後、その導入が本格的に始まろうとしている。ただし、スマートメーターが普及したからと言って、ダイナミック料金が広く利用されるようになるとは限らない。最も電気を必要とする時に料金が高くなるリスクを過大に捉える傾向などがあると考えられるからだ[6]。海外では、こうした料金を規制料金に適用して普及させようとしているところもあるが、そこでは小売事業者が時間帯に関係なく料金を一定とするメニューを提供して需要家を獲得しようとしている現状もある。効率性の観点から望ましい料金メニューでも、それがただちに需要家に受け入れられ、競争の中で普及するとは限らない。

3-2-3 需要家の選択行動に伴うコスト

海外では、多くの家庭用需要家が、そもそも電力会社を選ぶことに関心がなかったり、選ぼうとしても仕組みがよくわからなかったりすることも多いと言われている[7]。選ぼうとしても手間がかかって、選択のメリットが感じられないこともある[8]。そのため、規制当局や電力会社が、需要家に積極的に情報提供を行い、需要家を教育していくことも重要だとされている。最近では、英国のように、料金メニューが多すぎるために需要家が混乱しているとして、規制当局がメニューの数を制限するような政策を打ち出すところもある。自由化をして選択肢を増やすことは需要家のメリットになるはずだが、選択するという行動をとるためのコストが高ければ、たとえ今契約している電力会社とは別の会社が少し安い料金を提供していたとしても供給者の変更は進まないだろう。

---

6 服部・戸田（2011）を参照。
7 わが国では、新たに設立される広域的運営推進機関が、需要家による小売事業者の切り替え（スイッチング）を円滑に行うための支援システムを一般電気事業者と協調して構築することとなった。この支援システムを介して、スイッチング手続きが一元的に行われるようになる。電力システム改革小委員会第6回制度設計ワーキンググループ配布資料3-2を参照。
8 筒井他（2013）を参照。

3-2-4 需要家間の格差や自由化のメリットを受けられない需要家

　小売の全面自由化では、少なくとも短期的には、同じ家庭用の需要家の間でもメリットを享受できるグループとそうでないグループが生じる可能性がある。これは競争を通じた効率化が進んでいく過程では避けられないことかもしれない。ただし、電気という必需財の契約で、負担が重くなる需要家が出たり[9]、あまりに格差が広がったりすることは好ましくないという価値観が支配的になれば、効率性という観点から社会全体にとっては望ましいとされる自由化自体を否定する声も出てくるかもしれない。最も不利な状況に置かれる需要家でも、以前よりはメリットが感じられるようにできることが望ましいが、当面の間は、そうした弱い立場の需要家をいかに保護していくかが重要な課題である。自由化でかえってデメリットが生じている需要家の存在が明らかになってくると、政治問題化する可能性が高い。

3-3 需要家と事業者の関係変化

　3-2で述べたように、小売全面自由化の実施後、新たに自由化の対象となった需要家は、地域の電力会社や新電力、地域外の電力会社が設定した、自由な料金メニューでの供給を受けることができる他、経過措置の期間中は、地域の電力会社から引き続き規制された料金メニューでの供給を受けることができる。それでは、自由化実施に伴い、需要家と事業者との間の関係はどのように変わるのだろうか。以下では、家庭用需要家を対象に、小売全面自由化が実施された後の事業者との契約関係について考えてみる。なお、ここではいわゆる「離島ユニバーサルサービス」の適用を受ける離島需要以外を対象とする。

9　関連する話題として、英国の「燃料貧困」の問題がある。詳細は佐藤（2012）を参照。

3-3-1 現状での家庭用需要家と電力会社との契約関係

　現在、家庭用需要家と地域の電力会社の間には、電気供給約款とその他の選択約款（以下、供給約款）に基づく電力需給契約が存在する。これにより、電力会社は、需要家の電気設備と自らの電線路または引込線との接続点である需要地点において、需要家に対し、その求めに応じて電気を供給する義務を負い、需要家はそれに対して電気料金を支払う義務を負う。契約の期間は１年間とされるが、条件の変更がない限り、期間満了後も同一条件で継続される。計量器とその付属装置は、通常、需給地点からみて需要家よりに設置されることになるが、これらは電力会社の所有となっている。これら電力会社が所有する設備を除いた、需給地点から需要家よりにある需要家の電気設備の保安責任は、法律上需要家の側にあるが、電力会社は、当該電気設備の調査を定期的に行い、保安責任を補完することになっている。なお、電気事業法の規定により、供給約款に基づく契約以外の契約を需要家と電力会社との間で締結することは原則として認められていない。また、電力会社には、周波数と電圧を一定の範囲に維持する義務（電気の安定供給義務）と、需要家の求めに応じ電気を供給する義務（契約締結義務と契約維持義務）が電気事業法上課されている。

　一方、一般ガス事業者には、都市ガスの安定供給義務等がガス事業法上課されていることなど、電気事業法とガス事業法では多くの事柄が同様に扱われているが、ガス事業法が電気事業法とは異なる点として、事業者側がガスメーターを超えて屋内のガス栓まで技術基準に適合させる義務や保安責任を負っていることがあげられる。資産区分としてはメーターを除いて各家庭の敷地内は需要家側の資産であるから、電気事業法とは異なり、ガス事業法はあえて資産区分と保安責任区分にずれを生じさせているといえ、このことは、従来は保安に資する制度設計であったとしても、小売全面自由化により供給者変更がなされる場合には事故等の責任のあり方が改めて問われるため、制度の変更が迫られる可能性もあろう。

3-3-2 需要家にとっての契約の相手方

　現状、地域の電力会社は「需要家の電気設備と、需要地点において電線路または引込線を接続し、その地点での電気の安定供給を保障する」業務と「需要地点において、需要家の求めに応じ電気を供給する」業務のふたつを行っている。前者は電力会社の送配電部門が、後者は小売供給部門がそれぞれ担当しているが、現在の電力需給契約においては、これらふたつの業務は一体のものとして電力会社が需要家に提供している。

　自由化の実施に伴い、新電力や地域外の電力会社の参入が認められることになると、前者の業務は引き続き地域の電力会社の送配電部門である（第一種）送配電事業者が担うのに対し、後者の業務は地域の電力会社のみならず、新規参入者を含む小売電気事業者がこれを担うことになる。そして、需要家に対しては小売電気事業者が契約の相手方となり、送配電事業者は小売電気事業者に対して前者の業務を提供することになる。すなわち、送配電事業者と小売電気事業者の間には、小売電気事業者の需要家の電気設備と送配電事業者の電線路または引込線との接続点において、小売電気事業者が需要家の求めに応じ供給を行うために必要な電気を、送配電事業者が安定的に供給する一方で、小売電気事業者がその対価を支払うという契約関係が成立することになる。その上で、小売電気事業者が、その需要家に対し、需要地点において、求めに応じた電気を供給し、その対価としての料金を需要家が小売電気事業者に支払うという契約関係が、これとは別に成立する。契約締結の際に必要となる情報のうち、契約電力や供給方式といった、電線路または引込線の接続のために必要な技術的情報は、小売電気事業者を通じて送配電事業者に渡される。したがって、送配電事業者は、原則としては直接需要家と向き合うことはない。

　ただし、計量器とその付属装置は、自由化実施後も引き続き送配電事業者の所有とされる。また、送配電事業者は、計量器から得られる電力使用量の情報と需要家の氏名や連絡先に加え、契約電力や供給方式、需要場所の住所

といった設備に関する情報についても保有し、小売電気事業者は、需要家の承諾を得た上で、当該情報にアクセスし、料金の徴収や供給先の変更の際に必要な情報を得ることができることになっている。

さらに、3-2でも述べたように、何らかの理由で小売電気事業者と電気需給契約が締結できない需要家に対し、電気の供給を行う最終保障サービスは、送配電事業者が担うことになっている。これは、需要家の電気設備と電線路または引込線とが接続されている状況において、その接続点において電気の安定供給を保障する責任は送配電事業者が負っていることによるものである。

3-3-3 契約の内容の規定の方法

小売全面自由化の実施後も、小売電気事業者が提供する新しい料金メニューを選択しない需要家に対しては、地域の電力会社である小売電気事業者が定める供給約款に従って電気の供給が行われることになるし、供給約款に基づく契約以外の契約を需要家と電力会社との間で締結することができないのも現在と同様である。一方、新しい料金メニューについても、機械的かつ定型的に契約の締結を行うため、小売電気事業者の側で取引条件を約款の形で規定することになると考えられる。しかし、この約款は、現状の電気供給約款とは異なり、事業法上で位置づけられたものではなく、当事者間の特別の合意があれば、約款と異なる契約を締結することは事業法上の制約はなくなることになる。ただし、締結された契約が、市場競争を不当に制限するものとして、独禁法上問題となることはありうるし、民法や消費者契約法といった法律による規制を受けることもある。

3-3-4 その他の課題

以下、需要家と事業者との間の契約関係において課題となりうる点についていくつか指摘しておく。

(1) 現状の約款では、電力需給契約の契約期間は1年間とされており、条件

の変更がない限り、期間満了後も同一条件で継続されることになっているにすぎない。契約約款上、需要家はいつでも契約廃止の通知を行うことができるが、当初の契約から1年以内に使用を廃止する場合は、小規模需要家の場合を除き、料金等の精算が必要となる。これに対し、自由化実施後は、すでに小売自由化を実施した欧米の電気事業者の供給契約や、日本でも携帯電話の契約等で見られるように、複数年の契約といったことも認められることになる。ただし、複数年契約により市場競争が不当に制限されるような場合は、独禁法上の問題が生じることはありうる。

(2)　制度改革の議論の中では、地域の電力会社から選択約款による供給を受けていた需要家は、自由化実施後は地域の電力会社が自由な料金メニューから供給を受ける需要家のカテゴリーに属するという位置づけがなされている。しかし、現行の選択約款には、時間帯別電灯料金や季節別時間帯別電灯料金のようなメニューの他、口座振替割引なども選択約款の形で提供されている。クレジットカードによる支払は口座振替のような割引の提供がないことから、供給約款のみに基づき実施されていることから、整合的な対応が必要となると思われる。

(3)　需要家の電気設備の調査業務については、業務の主体を小売電気事業者とするか、それとも送配電事業者とするかという問題がある。産業構造審議会・保安分科会電力安全小委員会において、他の保安関係の規定の見直しとともに議論がなされ、送配電事業者に調査義務を課すこととされた。審議会の議論では、小売電気事業者に義務を課すとした場合、需要家が供給先である小売電気事業者を変更した場合、調査の実施状況の管理が困難となり、制度的安定性を欠くことが、小売電気事業者ではなく、送配電事業者に調査義務を課す理由としてあげられている。送配電事業者が調査業務を実施することは、調査業務に係る費用の回収という点からもある種の合理性があると考えられる。しかし、実際の業務は電気保安協会等に委託の上実施されるとしても、基本的には（最終保障の場合以外には）需要家とは直接に接することのない送配電事業者が調査業務の場合には需要家と

接することになるという点については、さらなる検討が必要であるとも考えられる。

一方、都市ガスについては、多数のLPガス販売店が一般ガス事業の調査業務や保安業務を能力的に担いうるとの声があり、都市ガス事業の小売全面自由化の後に発生することになると考えられているガス機器の調査業務や保安業務の受託事業に関心を示す者が現れ始めている。なお、公益事業学会では政策研究会としてガス制度研究会を2013年度に立ち上げ、一般ガス事業の規制改革の側面に特化した研究を進めており、これらについてのシンポジウムの開催や論文の刊行などが予定されている。

参考文献

Joskow, Paul L.（2006）"Competitive electricity markets and investment in generating capacity," CEEPR 06-009WP, June 12, 2006.
後藤久典・蟻生俊夫（2013）「欧州における家庭用電気料金メニューの多様化の現状と課題」電力中央研究所報告 Y12028。
佐藤佳邦（2012）「イギリスの全面自由化後の低所得者向け電気料金―2008年-2011年の『社会福祉料金』の経験―」電力中央研究所報告 Y11017。
筒井美樹・佐藤佳邦・後藤久典・三枝まどか・服部徹（2013）「欧州の電力小売全面自由化と競争の実態―規制料金の現状・需要家の選択行動・供給者の対応―」電力中央研究所報告 Y12017。
服部徹（2013）「米国における電力の小売全面自由化の制度設計と競争状況」電力中央研究所報告 Y12004。
服部徹・戸田直樹（2011）「米国における家庭用デマンドレスポンス・プログラムの現状と展望―パイロットプログラムの評価と本格導入における課題―」電力中央研究所報告 Y10005。

第4章

供給力確保と容量市場

4-1 英国の電力自由化と供給力確保に向けた改革[1]

4-1-1 英国が直面する電源不足と小売料金の高騰

　本章では電力システム改革の成否を握る供給力確保について、その典型的な仕組みである容量市場を取り上げる。最初にその先駆的な事例として英国が進めている電力市場改革（EMR：Electricity Market Reform）と、その中での供給力確保について概観する。

　英国では1990年代に、所有上の発送電分離、小売の全面自由化、卸と小売の料金規制撤廃が実施された。利用者の選択肢は広がったが、寡占化した上位6社の料金に顕著な違いはなく、メリットが大きいとは言えない。2004年以降、燃料費の高騰により料金は上昇傾向にあるだけでなく、原子力の寿命と石炭火力の老朽化による電源不足のために、今後もなお上昇するおそれがある。そのような中で、低炭素社会を実現する措置も求められている。

　2014年にマグノックス炉1基、その後18～23年にAGR14基、35年にPWR1基が停止する[2]。原子力は全電源の約20％を占めているので、近い将

---

[1]　本節は下記の拙稿をベースに作成したものである。
　「英国・原子力減少で電源不足懸念」『電気新聞』、2013年4月24日。
　「英国・求められる『値上げ』説明責任」『電気新聞』、2013年9月11日。
　「英国・電力市場改革の総仕上げ」『電気新聞』、2013年11月13日。
[2]　マグノックス炉は天然ウランを燃料として、減速材に黒鉛を使う旧型ガス冷却炉。AGRは濃縮ウランを燃料とする新型ガス冷却炉。PWRは濃縮ウランを燃料として、減速材・冷却材に水

来に需給バランスが大きく崩れてしまう。新技術はホライゾン社が開発してきたが、12年に出資者であるドイツの大手2社E.ONとRWEが撤退した。わが国の日立が継承したが、稼働時期は未定である。また、ブリティッシュ・エナジー社の所有者であるフランスEDFのパートナーについては、ガス会社のセントリカ社が撤退を決めた[3]。それに代わって中国企業が参画することになったが、必ずしも順調に政策形成が進んできたわけではない。

老朽化設備の多い石炭火力については、大規模設備の排出規制を定めたEU指令に基づき、運転停止が義務づけられる。規制当局であるガス電力市場庁（OFGEM）は2015年までに供給予備率が4％まで低下し、停電の発生率が高まる点を懸念している。メディアも、これまでに前例のない危機的状況に陥っていることを明らかにした。OFGEMの計算では、11年の平均で発電部門の利益率が24.4％、小売が3.1％となる。発電の利益率は高いので、理論的には参入者が現れるはずであるが、活発な競争は起きていないのが実情である。

天然ガスについては純輸入国となり、価格面で優位性が失われているため、設備が急増するとは考えにくい。小売事業者が分離されているとはいえ、発電コストは小売り料金に転嫁されるので、利用者への悪影響は避けられない。電力・ガスの平均小売料金は、2007年と比較すると約40％も上昇している。エネルギー気候変動省（DECC）の調べでは、コスト上昇の要因は、卸燃料47％、送配電・メータリング20％、その他・利益19％、エネルギー・気候変動政策関連9％、付加価値税5％となる。

小売供給事業者は卸のコストについて、自らコントロールできるものではないと主張しているが、垂直統合型で多角経営を進めているために、コスト配分と料金設定に不透明性が残ると厳しく批判されている。2009年から各社はライセンス条件に従い、発電と小売について部門別の収支情報を公表して

を使う加圧水型軽水炉。
3　ブリティッシュ・エナジーは、1990年の国有企業民営化時に火力発電と分離され、原子力専門会社として独立した。96年に民営化されたが、業績不振で経営危機に陥り、2008年からEDFが運営している。

いるので、非合法的な会計処理をしているわけではない。両市場には料金規制がないため、料金と利益率の関係はチェックされることがない。現在、OFGEMは料金メニューを簡明にして、利用者にわかりやすく提示するように指導している。

英国の経験から、自由化導入後の小売料金は値上げに反転するだけでなく、上昇傾向が長期的に続く事態もありうることが明らかになった。さらに、利益率が高いという単純な理由だけで、設備投資が実行されるわけではない点も確認できた。政策的に重要なのは、事業者が透明性の確保された状況下で料金を設定しなければならない点と、値上げを回避できない時に、その理由を利用者に対して公明正大に説明できる環境を整えておく点である。

4-1-2　低炭素化と設備増強を狙う電力市場改革（EMR）

英国では近年、電力市場改革（以下、EMR）に関する議論が継続され、いかに低炭素化を推進するのかというテーマが多面的に検討されている。EMRの政府原案が最初に提示されたのは2010年7月であるが、紆余曲折の末、12年にようやくエネルギー法案が公表された。その後、13年10月に実行に向けた協議書が纏められ、パブリック・コメントの手続きに入った。

EMRには温暖化ガス排出量を削減する観点から、再生可能エネルギーや原子力発電を支援する側面もあるが、実態としては電源不足にどのように対応し、利用者料金をいかに抑制するかという側面も含まれている。風力の大量導入に伴い、その調整力に対応する新鋭の火力発電所の建設が十分行われていない点が課題であった。発電部門の投資を促すために、EMRでは差額契約（以下、CfD）の導入と容量市場（キャパシティ・マーケット）の創設が考慮されてきた。

CfDについては、事前に買取価格が決められ、発電事業者と買い手となる系統運用者との間で長期契約が結ばれる。たとえ卸市場価格が低くなっても、買取価格までは保証されるので、発電事業者は安定収入を得られる。逆に、卸市場価格が高くなった時には、発電事業者により超過分が支払われるので、

合理性を持つ。欧州委員会は、再生可能エネルギーのCfDが政府の補助金に相当するかを調査してきたが、2014年7月にその導入を承認する見解を明らかにした。

買取価格は計画段階ではオークションの適用も考慮されたが、結果的にDECCが決定することになった。英国のCfDは再生可能エネルギーのみならず、原子力と炭素回収貯留（CCS）も含まれる点に大きな特徴がある[4]。原子力に関しては、すでにEDFとパートナーの中国企業が政府との交渉を終えて合意に至った。条件は35年間のストライクプライス（市場価格との差を補塡）設定で現状の市場価格の約2倍となる92.5ポンド/MWhで、事業者の要望に応えるものとなった。このように低炭素化に寄与する原子力の新設を支援するスキームが作られたが、自由化後の投資インセンティブを促進するモデルとして評価できる。

従来から割当制として再生可能エネルギー購入義務制度（RO）があるところに、2010年に小規模電源に関して固定価格買取制（FIT）が採用された。今後はEMRに基づき、CfD・FITが主流となるが、17年3月末までROと併用される。過去の実績では、風力が優位性を持っていたが、近年は太陽光の増加率が高い。日照時間から設置できる地域は限定されるが、工期が短いので新たな電源として期待されている。政府は「英国太陽光戦略パート1」と題する報告書を公表し、太陽光を強化する姿勢を示した。

容量市場は緊急時に電力が確保できるように、発電容量を取引する市場であるが、欧州で初めての試みとして注目を集めている。2014年6月に市場を運営するナショナル・グリッド社から入札のガイドラインが公表された。この市場は4年先を視野に入れて運用される。2018年の容量を確保するために、14年に最初の入札が行われる見通しである。

自由化をリードしてきた英国では、電源選択や設備投資は事業者の裁量に委ねられているので、1国としてのベストミックスの維持は困難になってい

4　CCSとは、発電所や製鉄所から排出されるCO_2を分離・回収して、地中や海底に貯留する技術。

る。CfDや容量市場は発電事業者に投資インセンティブを機能させるが、自由化当初に想定されたような市場原理に依存する政策とは明らかに異なる。実際には、政府によって非化石燃料を支援する人為的措置が組み込まれた。今後、ドイツが直面したような失敗を回避するために、政策効果を注視する必要がある。現実的に制度設計を進める英国から、わが国が見習うべき点は多い。

4-2 顕在化するミッシングマネー問題[5]

4-2-1 電気事業固有の問題

　日本に先んじて小売全面自由化、発送電分離等の電力システム改革を進めてきた諸外国において、昨今「単に市場に委ねるだけでは、安定供給のために必要な電源量が維持できない」懸念が顕在化してきている。これは電力市場から得られる収入が、電源投資を回収するために十分な水準でないため、既存電源の採算性が悪化するとともに、新規の電源投資も起こらないことによる。これは、投資回収のために必要なお金が十分得られないという意味で、ミッシングマネー（missing money）問題と呼ばれる。

　現在この問題が強く認識されているのは、米国ではテキサス州、ヨーロッパでは、英国、フランス、ドイツ等である。総じて改革開始時には電源に余剰があり、その後余剰電源の淘汰が進んだ。このことは市場が機能する結果として予定されていたことである。他方、電源が不足気味になっても、電力市場において適切な調整がなされる、つまり、電力市場価格が上昇し、新規の電源投資が促されると考えられていたのであるが、こちらは単純にはいかないことがここへきて判明している。

---

[5] 本節および4-4は、国際環境経済研究所のウェブにおいて、電力改革研究会『ミッシングマネー問題と容量メカニズム（第1回〜第3回）』として発表されたものである。

設備産業で固定費のウェイトが大きい電気事業は、固定費の回収が見通せなければ新たな投資は望めず、持続性がない。総括原価方式等による投資回収の担保がなくなれば、事業者が投資に慎重になる側面はある。ただし、これだけであれば、設備産業全般に当てはまることである。ミッシングマネー問題とは、自動車産業に準えて言うと、「自動車の販売収入だけでは、工場の生産設備の固定費が回収できない」と主張しているようなものだ。確かに他産業では考えにくい主張である。

　それでは、電気事業において、ミッシングマネー問題はどのようにして起こるのか。電気は基本的に貯蔵が利かないため、時間帯により変化する需要に対して、同量の電源を稼働して需給をバランスさせる。その際、稼働する電源の決め方は、市場で決めるのであれば、売値の安いものから順番に、需要と供給が一致するところまで稼働させる。これにより、最も小さいコストで電力供給が行えることになる。図表4-1はそのイメージである。右下がりの曲線Dが時間帯ごとの需要曲線である。D1がピーク時間帯（例：夏の

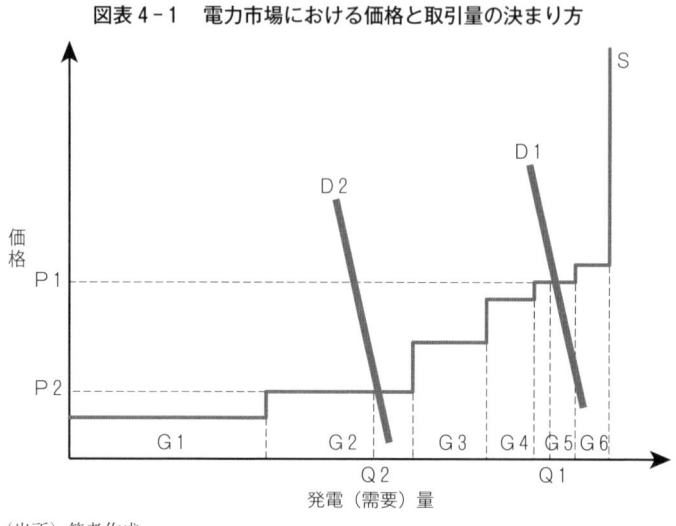

図表4-1　電力市場における価格と取引量の決まり方

（出所）筆者作成。

午後）のもの、Ｄ２がオフピーク時間帯（例：深夜）のものである。右上がりの階段状の曲線Ｓが供給曲線であり、利用可能な電源を電気の売値が安い順に並べたものである（これをメリットオーダーという）。この需要曲線Ｓと需要曲線Ｄｘの交点で、その時間帯の供給量（＝需要）と電力価格が決まる。需要曲線Ｄ１（ピーク時間帯）では、価格はＰ１、供給量はＱ１となり、需要曲線Ｄ２（オフピーク時間帯）では、価格はＰ２、供給量はＱ２となる。

　電気は基本的に貯蔵が利かないため、電源は、その時々の需要に合わせて稼働できなければ、製品（電気）を売る機会が得られず、収入も得られない。電力市場では、電源が供給力として準備していても、実際に発電した電力量に対してしか金銭的価値が付かない。図表４−１において、需要曲線Ｄ１に対しては、稼働する電源はＧ１からＧ５までの５基で、Ｇ６は稼働しないので収入はない。需要曲線Ｄ２に対しては、稼働する電源はＧ１とＧ２の２基で、Ｇ３からＧ６の４基は稼働しないので収入はない。したがって、電源の保有者がまずは稼働させることが先決と考えれば、最低でも限界利益がマイナスにならない、短期限界費用相当、つまり固定費の回収を考慮しない売値を提示し、何とか電源の稼働だけはさせてもらおうとする。その結果、電気の供給曲線は各電源の短期限界費用を安い順番に並べたものになる。

　これは、他の製品市場ではおそらく見られない特徴である。自動車産業でも、自動車メーカーは自動車の売値を短期限界費用で決めているわけではなく、工場のコストを回収できるような価格に決めているはずである。そうでないことがあるとすれば、それは過当競争状態であって、むしろ生産能力が淘汰されるべき状態である。

　電力市場の価格が上で示したように決まるということは、限界費用で価格が決まることであり、これは、経済学の教科書でいう、競争的（competitive）な市場の定義と合致する。社会厚生が最大となり、望ましいこととされる。電気事業の物差しで考えても、短期限界費用が安い順に電源を稼働させていけば、現在利用可能な電源を所与として、最も安いコストで電力供給を行っ

図表 4 - 2　固定費回収のイメージ

（出所）筆者作成。

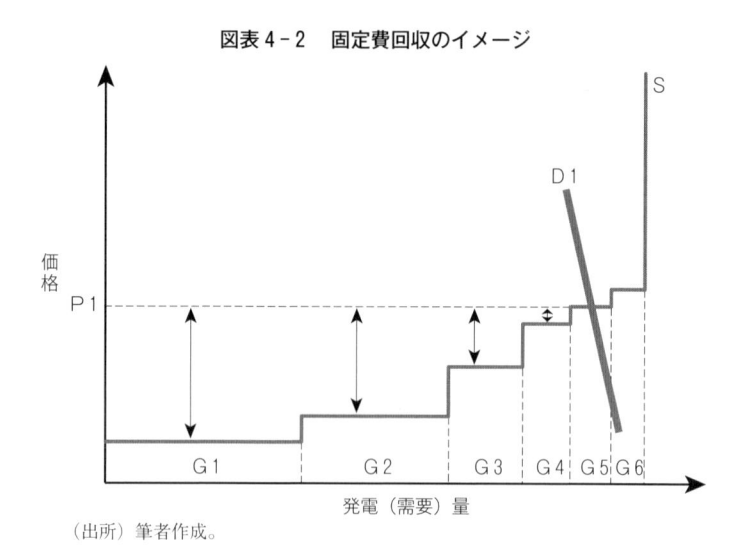

ていることになるから、望ましいことである。ただし、短期的に望ましくても、固定費が適切に回収できなければ、電力システムとして持続可能ではない。

　市場における固定費回収のイメージを図表 4 - 2 に示す。需要曲線はＤ１で、市場価格は、Ｇ５の短期限界費用相当のＰ１である。この時、Ｇ１からＧ４は市場価格が自身の短期限界費用よりも高いので、その差分が利益となり、固定費回収の原資となる。しかし、これが十分な額かどうかは定かでない。他方、Ｇ５やＧ６のピーク電源は、固定費が回収できない[6]。

6　ここの記述は主に火力発電所を念頭に置いたものであり、貯水式の水力発電所は若干事情が異なる。水力発電所の短期限界費用は燃料が自然の降水であるため、基本的にゼロである。したがって、価格が正である限りは、市場価格と短期限界費用の間にはマージンが常に存在し、固定費の回収原資となるので、貯水式の水力発電所は火力発電所に比してミッシングマネー問題は発生しにくいと言える。特に減価償却が進んだ水力発電所はミッシングマネー問題とはほぼ無縁と思われる。同様に水力発電がほぼ100％を占めるノルウェーの電力市場もミッシングマネー問題とはほぼ無縁と言えよう。

4-2-2 ミッシングマネー発生をモデルで示す

実際、電源の短期限界費用で価格が形成される市場では、必然的に固定費の回収不足、つまりミッシングマネーが発生する。このことを以下の簡略化されたモデルで説明する[7]。

モデルの前提は以下である。

需要：年間最大需要を2200万kW、年間最小需要を1000万kWとする。1年8760時間の需要を大きい順に並べてみると、図表4-3のような右下がりの直線になるとする。この線を需要の持続曲線（デュレーションカーブ）と呼ぶ。数式化すると以下のとおりである。

$$D = 2200 - 0.137 \times T \quad [0 \leq T \leq 8760] \quad \leftarrow \quad -0.137 = (1000 - 2200) \div 8760$$

需要に不確実性はなく、この需要が必ず発現するとする。

供給：以下の3種類の発電技術が利用可能であり、これらを組み合わせて供給がなされるものとする[8]。

図表4-3 需要の持続曲線（デュレーションカーブ）

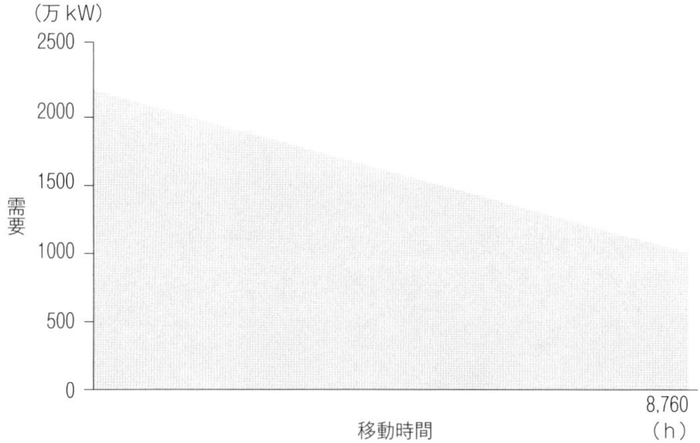

(出所) 山本・戸田 (2013)。

---
7 詳細は山本・戸田 (2013) 参照。
8 実態として、電源の種類は更に多様であるが、ここでは3種類しかないと仮定している。また、電源種をさらに細分化してもモデル計算の結論は不変である。

ベース電源（固定費大、可変費小）　固定費　2.4万円/kW/年　可変費（＝短期限界費用）　2円/kWh

ミドル電源（固定費中、可変費中）固定費　1.6万円/kW/年　可変費（＝短期限界費用）　3.5円/kWh

ピーク電源（固定費小、可変費大）　固定費　0.8万円/kW/年　可変費（＝短期限界費用）　8円/kWh

その他の前提：
・予備力や発電所の定期点検は捨象する。
・電力市場価格は、1時間ごとに当該時間の需要に合わせて決定するものとする。電力市場には短期限界費用で売値が提示されており、売値の安いものから順番に、需要と供給が一致するところまで稼働させ、稼働した、最も短期限界費用の大きい電源の当該短期限界費用が市場価格となる[9]。
・上記の電力市場価格がその時間帯に消費されるすべての電力量に対して適用されるとする（一物一価)[10]。

上記を前提として、与えられた需要に対し最小コストで供給する電源ミックスを求める。

図表4－4の上のグラフに、3種類の電源について、年間稼働時間と発電コストの関係を示す。年間稼働時間と発電コストの関係は以下の式で表現される。

$$Ci = Vi \times T + Fi$$

　　Ci ＝電源 i の発電コスト（円/kW/年）
　　Vi ＝電源 i の可変費（円/kWh）
　　Fi ＝電源 i の固定費（円/kW/年）
　　T ＝年間稼働時間（h）

9　つまり、図表4－1と同じ前提である。
10　現実の電力市場は、前日スポット市場、リアルタイム市場、長期の相対契約、自ら電源を保有など電力調達の方法がさまざまあり、価格も多様である（一物一価ではない）。ただし、簡略化されたモデル計算であるので、相互の市場・調達方法の間で裁定が働くと考えて、一物一価の市場で代表させることは非合理ではない。

第4章
供給力確保と容量市場

i = b（ベース電源）、m（ミドル電源）、p（ピーク電源）

　想定する稼働時間によって、最経済的な電源は変化する。ベース電源は固定費が大きく、可変費が小さいから稼働時間が長くなると経済性を発揮し、ピーク電源は可変費が大きいが、固定費は小さいから、稼働時間が短いところで経済性を発揮する。上記の前提の場合は、

　　年間稼働時間5333時間以上では　　ベース電源が最経済的
　　年間稼働時間1778～5333時間では　ミドル電源が最経済的
　　年間稼働時間1778時間以下では　　ピーク電源が最経済的

となる（図表4-4の上のグラフ参照）。

　3種類の電源の稼働時間を、それぞれが再経済的となる範囲に収まるように電源を組み合わせれば、最小コストの電源ミックスとなる。図表4-4の下のグラフに示すとおり、ベース電源1469万kW、ミドル電源487万kW、ピーク電源244万kWと組み合わせると最小コストになる。つまり、完全な情報を持った善意の独裁者が電気事業を行えば、この電源ミックスが形成される。

　他方、市場において、短期限界費用で電力価格が構成される場合に、このコスト最小の電源ミックスが持続可能かどうかを検討してみる。上記の最小コストの電源ミックスが構築された状態で、短期限界費用で価格が構成される市場が導入されたとする。その場合、図表4-5のとおりであるが、需要のデュレーションカーブの左端（年間最大需要）から数えて；

　　1778時間目までは、市場価格は8円/kWh（＝ピーク電源の短期限界費用）
　　1779～5333時間目までは、市場価格は3.5円/kWh（＝ミドル電源の短期限界費用）
　　5334～8760時間目までは、市場価格は2円/kWh（＝ベース電源の短期限界費用）

が電力市場価格となる。

　この収入によって電源の固定費が回収できるのかどうか確認したのが、図表4-6であり、未回収が生じていることがわかる。

図表4-4　コストを最小化する電源ミックス

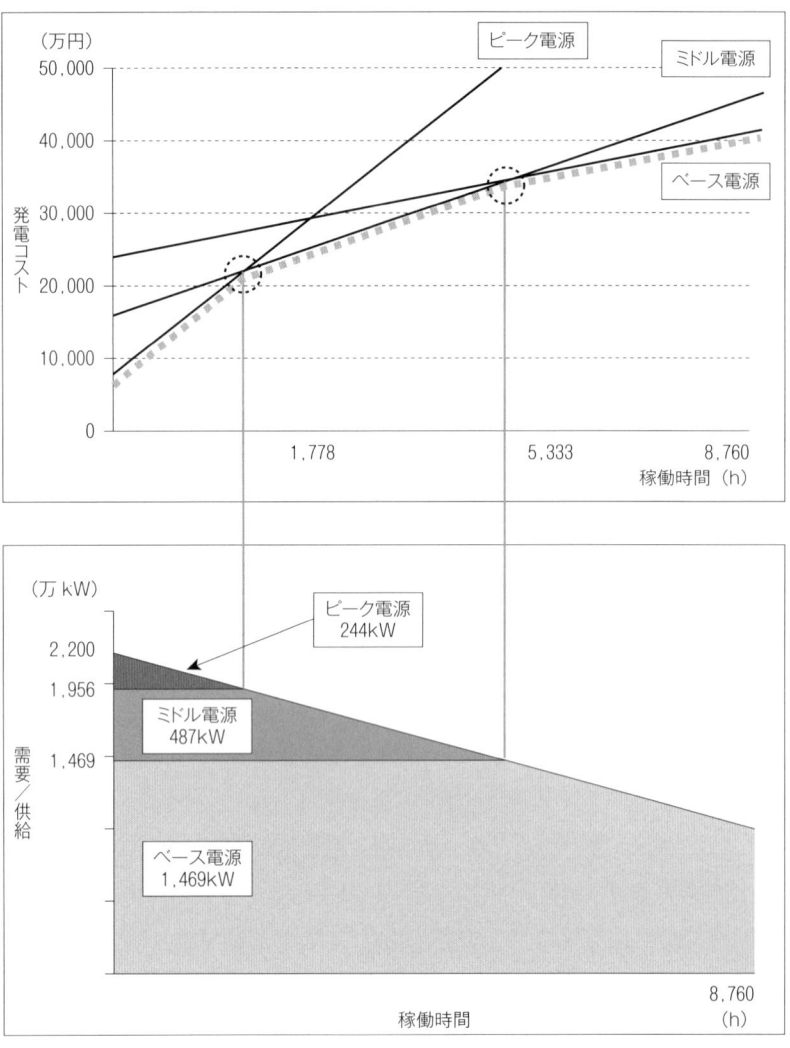

(出所) 山本・戸田 (2013)。

第4章 供給力確保と容量市場

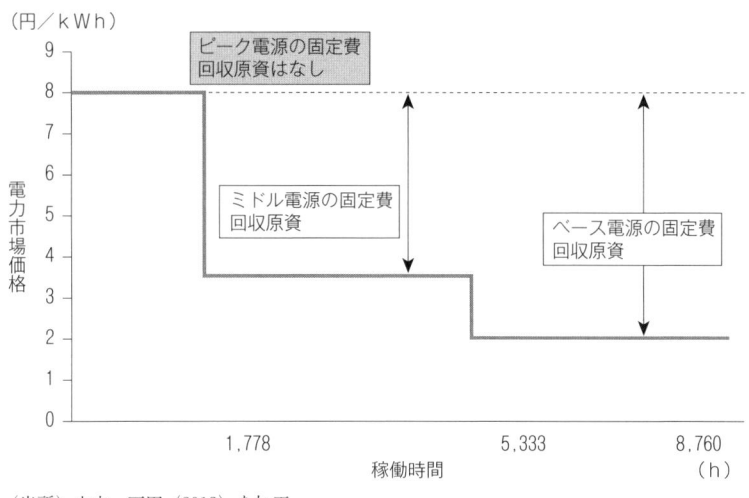

図表4-5　電力市場価格の持続曲線（デュレーションカーブ）

（円／kWh）

電力市場価格

- ピーク電源の固定費回収原資はなし
- ミドル電源の固定費回収原資
- ベース電源の固定費回収原資

稼働時間：1,778　5,333　8,760（h）

（出所）山本・戸田（2013）を加工。

図表4-6　短期限界費用で電力価格が構成される市場における電源の収益性

	A 設備容量（万kW）	B 発電電力量（億kWh）	C 収入（億円）	D 費用（億円）	E=C-D 収支（億円）	F=E/A 1kWあたり収支（円/kW）
ベース電源	1,469	1,207	4,765	5,940	▲1,176	▲8,000
ミドル電源	487	173	996	1,385	▲390	▲8,000
ピーク電源	244	22	173	368	▲195	▲8,000
合　計	2,200	1,402	5,934	7,694	▲1,760	▲8,000

（出所）山本・戸田（2013）。

　ピーク電源は、稼働する時間すべてで市場価格が自身の短期限界費用で決まるので、固定費は全額未回収となる。ミドル電源、ベース電源は、自身の限界費用よりも市場価格が高くなる時間帯があるため、その時間帯で生じる利益（市場価格と短期限界費用の差分）が固定費回収の原資となるが、それでも未回収が残る。総費用約7700億円のうち、固定費は約4500億円であるが、そのうち、1760億円が回収不足となっている。1kWあたりでみると、いず

87

れの電源種においても、未収金額は8000円/kW/年であり、これはピーク電源の年間固定費に等しい。つまり、全電源種について、最も固定費が小さい電源（ここではピーク電源）の年間固定費に相当する固定費の未回収、つまりミッシングマネーが生じる[11]。したがって、短期限界費用で電力価格が構成される市場の下では、この電源ミックスは持続可能ではない。また、この市場に電源投資の誘因を委ねて、最適な電源ミックスが導かれることもない。

4-2-3 現実の市場はどうか：テキサスERCOTの事例

ミッシングマネーが生じる電力システムを持続可能とするには、ミッシングマネーが何らかの形で補われる必要がある。もともと、電力システム改革開始当初は、市場に委ねれば、適切な設備量が維持されると考えられていたわけである。実際の電力市場では、上のモデルのように常に電源の短期限界費用によって価格が構成されるわけではない。いくつかの市場では、電力需給が特にタイトになる時間帯に、電力市場価格が短期限界費用を超えてさらに上昇することが起こっている。このような価格の高騰をプライススパイクと呼ぶ。プライススパイクのイメージを図表4-7に示す。図表4-2よりも需要がさらに増大（需要曲線が右側にシフト）し、利用可能な電源であるG1からG6を使いきっている。供給はこれ以上増えないが、供給曲線が垂直に立ち上がったところで、需要曲線Dsと交わるので、市場価格はG6の短期限界費用よりもさらに高い価格となっている。実際の市場では、プライススパイクが一定の時間発生するので、そこで得られる利益でミッシングマネーが解消されるとの論がある。4-2-3で示したモデルでは、年間1kWあたり8000円のミッシングマネーが発生しているので、例えば、800円/kWhのプライススパイクであれば年間10時間、400円/kWhのプライススパイクであれば年間20時間発生すれば、このシステムは維持可能となる[12]。

11　このモデル計算の結果は、需要と電源の諸元（固定費、可変費）を変えても不変である。
12　プライススパイクが発生する具体的なメカニズムについて、経済学者の論文（例えば、本節の

第4章
供給力確保と容量市場

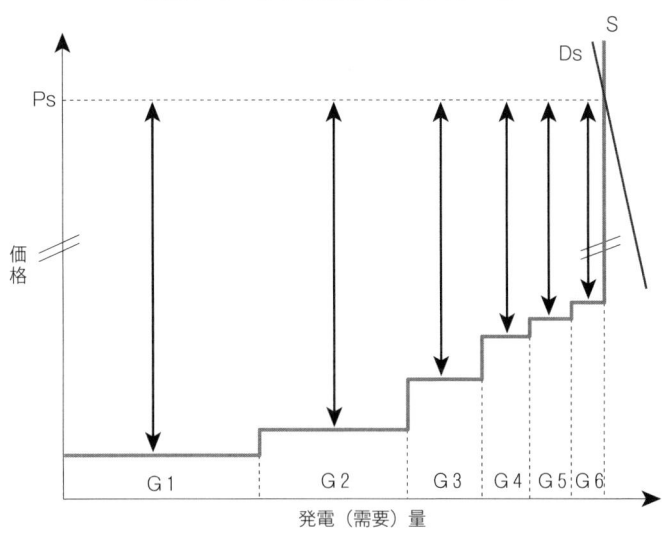

図表4-7　プライススパイクのイメージ

(出所) 筆者作成。

　それでは、現実の市場で実際に固定費が回収できているのか。これについて、The Brattle Group（2012）が、アメリカ・テキサス州のほぼ全域をカバーするERCOT（The Electric Reliability Council of Texas）電力市場の事例を分析しているので、紹介する。図表4-8は、2007年から2011年までの5年間を対象に、同市場における電源の採算性を示している。グラフがふたつ並んでいるが、左はガスコンバインドサイクル（GTCC）、右がシングルサイクルのガスタービンのものである。棒グラフは、各年において電源が

モデル計算で参考としているJoskow（2006））では、「電源を使い切っているので、発動価格が高価なデマンドレスレスポンスを発動し、一部需要を遮断している」という説明がよくなされる。この場合、図表4-7のように、垂直に立ち上がった供給曲線に右下がりの需要曲線が交わる。発動価格がPs以下のデマンドレスレスポンスをすべて発動したところで、需要と供給がバランスする。実際の市場におけるプライススパイクが、すべてこの説明にあてはまるかは定かではない。ただ、欧州のEPEXやノルドプールの前日スポット市場における需要曲線、供給曲線を見ると、図表4-7とは逆に、垂直な需要曲線に、急勾配で右上がりの供給曲線が交わってプライススパイクが発生する姿となっている。ここでは、デマンドレスポンスは供給曲線に含まれているようである。

89

図表4-8　ERCOT電力市場における電源の採算性

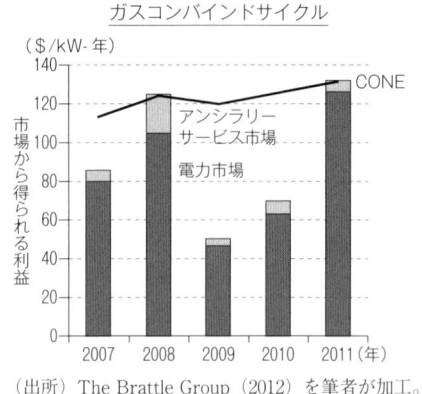

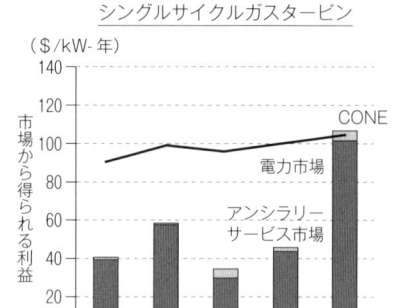

ガスコンバインドサイクル　　　　　　シングルサイクルガスタービン

（出所）The Brattle Group（2012）を筆者が加工。

電力市場およびアンシラリーサービス市場から得られたと推定される1kWあたりの利益（energy margin）を示している。つまり、図表4-2および図表4-7で説明した、電力市場価格と電源の短期限界費用の差分を1年分加算したものになる。対して、折れ線グラフは、電源維持に必要な固定費の額を示している（CONE：cost of new entry）。GTCCは5年中3年、シングルサイクルのガスタービンは5年中4年でCONEの回収ができていない。つまり、ミッシングマネーが発生していることを示している[13]。

図表4-9は、シングルサイクルのガスタービンを対象に、予備率と電源の採算性の関係を示している。過去15年分の気象の実績データを用いて、系統の予備率を変化させた場合に、電源が得る利益の変化をシミュレーションしたものである。予備率が高い、つまり電力需給に余裕があると電力価格は安くなり、利益が減少するので、グラフは右肩下がりの形状となる。複数ある薄い折れ線が各年の気象実績を用いたシミュレーション結果である。太い

---

[13] 2011年は、GTCC、シングルサイクルのガスタービンともに固定費を回収できている。この年は、冬は記録的寒波で輪番停電を経験し、夏も記録的熱波に襲われた年である。ERCOT電力市場では、上限価格が3ドル/kWhに設定されているが（当時）、2011年は28.5時間、この価格で取引された。これによる収入は1kWあたり85.5ドルになり、この28.5時間でミッシングマネーの相当部分を回収したと思われる。

第4章
供給力確保と容量市場

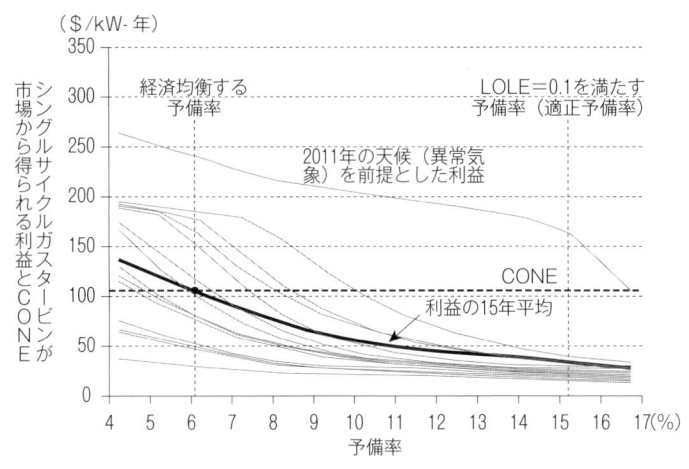

図表4-9　予備率と電源の採算性の関係のシミュレーション

（$/kW-年）

縦軸ラベル：シングルサイクルガスタービンが市場から得られる利益とCONE

グラフ内注記：
- 経済均衡する予備率
- LOLE＝0.1を満たす予備率（適正予備率）
- 2011年の天候（異常気象）を前提とした利益
- CONE
- 利益の15年平均

横軸：予備率（%）

（出所）　The Brattle Group（2012）を筆者が加工。

折れ線が15年の平均を示している。

　水平の太い破線はシングルサイクルガスタービンの年間固定費を示している。太い折れ線と水平の太い破線が予備率6％のところで交わっているのは、予備率が6％以下であれば、ミッシングマネーが発生しないことを示している。しかし、この水準は適正とされる予備率（15.25%[14]）を大きく下回っている。逆に、予備率が15.25%の場合、ピーク電源のガスタービンが市場から得られる利益では、年間固定費の半分も賄えず、相当のミッシングマネーが発生している。つまり、図表4-9は、この市場に委ねるだけでは、適正な予備率を維持することができないことを示している。そして、テキサス州では、このシミュレーションとおり、予備率の低下に歯止めがかかっていない。

---

[14] ERCOT が定める適正予備率は、公式には13.75%であるが、The Brattle Group は、2011年の異常気象を織り込むと、15.25%が必要と独自に試算している。

4-2-4 ミッシングマネーを補う容量メカニズム

テキサス州と同じような懸念はヨーロッパのいくつかの国、例えば、ドイツ、英国、フランス等でも顕在化している。特にドイツは、風力発電、太陽光発電をはじめとする再生可能エネルギーの増加により、在来型の火力発電がこれらの電源のバックアップとして、採算の悪い低稼働運転を強いられ、問題に拍車をかけている。

適正な予備率は、市場原理とは無関係に工学的な確率計算によって定められる。発電設備容量C[kW]の均質な電源がn台接続された単純な電力システムを想定し、適正予備率の算定方法を説明すると次のようになる。

全電源が稼働していればシステム内の供給力はnC[kW]であるが、発電設備はメンテナンス時以外にもトラブルにより停止することがある。すべての電源の計画外停止率がrであるとし、それらに相関がないと仮定すると、供給力がkC[kW]（すなわちn台のうちk台が稼働、残りの$n-k$台が停止している状態）となる確率は、二項分布により

$$p_k = {}_nC_k r^{n-k}(1-r)^k$$

と表されることになるから、システム内の需要レベルLが発電機k台でちょうど賄えるレベル（L=kC）である場合に、供給力が需要を下回って不足が生じる確率は、

$$p = \sum_{i=0}^{k-1} p_i = \sum_{i=0}^{k-1} {}_nC_i r^{n-i}(1-r)^i$$

と計算できる。この確率は、つまりは停電の確率であり、電力システム工学ではこれを LOLP（loss of load probability）と呼ぶ[15]。

LOLPは、予備率（上記のモデルでは$(n-k)/n$に相当）を高くすれば減少する。日本の場合、需要の大きい1カ月間（例：8月）のLOLPが0.3日

---

[15] 実務上のLOLPの計算はこのように単純ではなく、電源毎のユニット容量・計画外停止率、地域間連系線の制約、出水による水力発電所の出力変動、外気温変化によるガスタービン出力の低下、需要レベルの時間変化、さらに確率的な需要変動などさまざまな需給変動要因をモデリングして、モンテカルロ・シミュレーションを実施する。

以下となる予備率を適正予備率としている。海外の多くの国では、LOLPが10年に1日程度に相当する予備率を、適正予備率としている。

　上記のとおり、適正予備率は、市場原理と無関係に定められている。そのため、市場原理に委ねて維持できる予備率と、適正予備率に乖離があるのは、むしろ自然ともいえる[16]。他方、工学的に求められる適正予備率を確保することが社会的要請であるのに、市場でそれを果たすことができないのであれば、市場を補う仕組みを別途整備することが必要である。この仕組みとして昨今注目され、議論が活発化しているのが、次節で説明する容量メカニズムである[17]。

4-3　容量メカニズムの先行事例

4-3-1　容量メカニズムの概要と種類

　容量メカニズムは、前項でも説明があったようなミッシングマネー問題のような一般的な電力市場の欠陥を補完するための制度である。ただし、各国・地域でさまざまな電力市場が作られてきたため、容量メカニズムにもいろいろな種類がある。通常の電力取引は実際の発電量や消費量に応じて対価が発生するが、容量メカニズムに共通した特徴は「供給力」という容量（kW）で評価される量に価値を持たせようとする制度ということである。供給力とは翌日を含めた将来の最大電力の見込み値（kW単位）に対して準備される、確実性の高い発電設備出力の値を指す。ミッシングマネー問題で

---

[16]　このことは工学的に定められる適正予備率が過大であることを意味するのではなく、適正予備率が確保されることにより得られる供給信頼度の価値が、制度面の制約等で市場の価格形成に十分に反映されていないことを示すものと考えられる。詳しくは、山本・戸田（2013）。
[17]　容量メカニズムはドイツ、フランス、英国が導入に向けて動いているが、テキサス州は、検討の俎上には載っているものの、当面は導入しない方針である。代わりに、電力市場の上限価格を引き上げて、より高いプライススパイクを実現することで、ミッシングマネーを減らそうとしている。

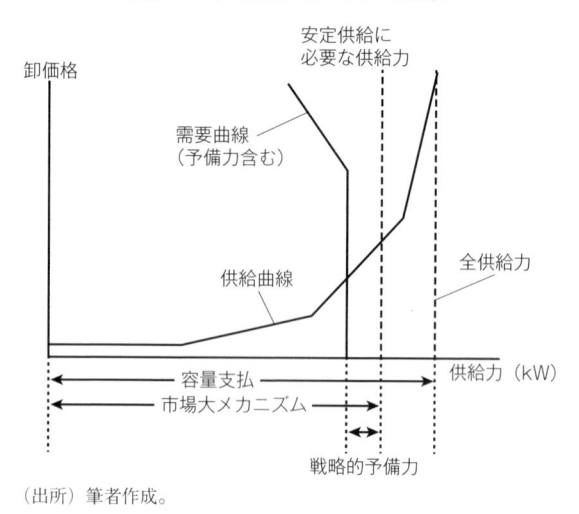

図表4-10　容量メカニズムの対象

（出所）筆者作成。

　触れたとおり、従来の電力市場では供給力として準備していても実際に発電した分だけに金銭的価値が付いていた。容量メカニズムは、長期的に残った供給余力を含めて発電投資を促すために、供給力に金銭支払を行ったり、確保義務を課したりするものである。

　容量メカニズムには価格設定方式と容量設定方式がある。価格設定方式は供給力として準備された容量に対して一定ないし可変の金銭を支払うものである。容量設定方式は安定供給に必要な供給力[18]を事前に定め、対象となる容量に対して小売会社に確保義務を課すもの（供給力確保義務）、金銭を支払うもの（戦略的予備力）、市場取引を行うもの（容量オークションと信頼度オプション）がある。

　容量メカニズムの対象の考え方は、図4-10のとおりである。供給力として準備されたすべての容量を対象とするのが容量支払、安定供給に必要な供

18　安定供給に必要な供給力とは、日本での供給計画に該当する事前（10年先または夏場に向けた春先）に行う需給バランス評価で用いられる基準で、予想最大電力に対して8～10%程度の供給余力が必要とされている。

給力を対象とするのが市場大メカニズム、安定供給に必要な供給力と予備力を含む需要の差分である供給余力を対象とするのが戦略的予備力となっている。このように対象となる供給力に違いがあるのは、ミッシングマネー問題や卸市場に対する政府の姿勢の違いから生まれている。卸価格の暴騰を押さえつつ限界費用原理での卸電力価格形成を除く場合は容量支払や市場大メカニズムが選択され、卸価格の暴騰を許容する場合、つまり市場メカニズムに強い信頼を置く場合には戦略的予備力（Strategic Reserve）が選択されるように思われる。

4-3-2 容量支払

さて容量メカニズムで最も古い歴史を持つのが容量支払である。1989年電気法によりイギリスで電力システム改革が開始され、1990年からプール市場という強制型・集中型の卸電力市場を作った際に、"Capacity Elements"という名称でプール市場に入札した発電所に一定額を支払う制度が併設された。2001年にプール市場が廃止されたことで同制度も廃止された。

この他にスペインでも1998年にプール市場が導入されることに伴い、"Capacity Payments"という名称で制度が導入された。当初は全発電所のうち前年480時間以上フル出力で稼働した発電所に一定範囲の金額を支払う方式であったが、2007年からの方式では既存発電所と新規発電所を分け、既存発電所には運転を行うインセンティブを提供する目的で金額を設定する方式になった。新規発電所に対しては10年間一定方式で支払いを継続することで発電投資を促すことが期待されている。スペインの新規発電所に対する価格設定は図4-11のとおり、需給バランスによって決まる方式が採用されている。10％予備率を基準として、それを超える供給力が確保された場合には支払額が減額されることになっている。

また米国のカリフォルニア州では2000年夏・2001年冬に起きたカリフォルニア電力危機の反省を踏まえ、2011年4月より容量支払が適用されている。容量確保義務は小売事業者が運用30日前から12カ月前までに供給力を確保す

図表4-11 スペインの新規発電所に対する容量価格設定方式

€/MWh・年

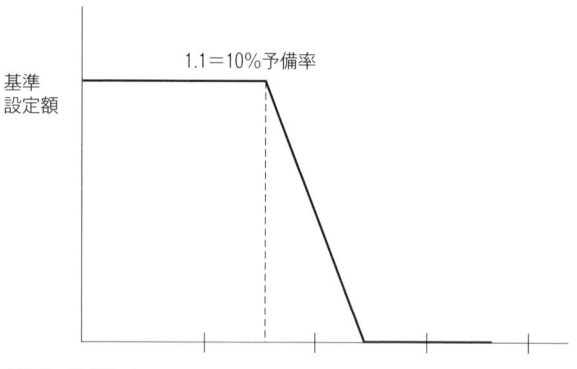

基準
設定額

1.1＝10％予備率

(出所) 筆者作成。

るものであり、事実上、事前の供給力確認とそれに対する容量支払制度になっている。

このような容量支払は、制度設計の複雑性を回避しつつ発電投資インセンティブを提供できるというメリットがあるが、供給側の入札行動がないために供給側の価格情報を得られず、価格設定のための情報量に制約があるというデメリットもある。また旧英国・スペイン型のような容量支払制のみの場合には、市場全体で安定供給に必要な供給力を確保する義務は設定されていないため、供給力確保という観点では不確実性が残る。

4-3-3 戦略的予備力

戦略的予備力とは、送電部門が通常の予備力とは別に猛暑や景気変動での数年に一度のような需給逼迫や卸電力価格の暴騰に対処するために確保する供給余力を指す。この戦略的予備力はスウェーデンとフィンランドで実施されている。スウェーデンではピーク用に使っていた石油火力発電が自由化後に閉鎖されたことを受けて2003年に導入された。戦略的予備力の調達は入札で行われている。

こうした戦略的予備力は全体的な発電投資インセンティブを提供するもの

ではなく、数年に一度のような頻度で発生する需給逼迫を回避するための、市場全体としての保険のような機能を提供するにとどまっている。北欧全体としては10年以上、電力需要の水準があまり変化しておらず、発電投資不足に対する懸念が小さいという状況も同制度が採用された原因になっているものと考えられる。

なおドイツでも2012年エネルギー事業法改正で送電部門が戦略的予備力を確保することが認められるようになった。これは固定価格買取制度を通じて再生可能エネルギー発電の導入が拡大し、火力発電の採算性が悪化して火力発電の閉鎖を希望する事業者が増えたことに伴う措置で、発電所閉鎖に対する許認可制度の導入とセットとなっている。天然ガス火力発電を対象に、廃止の表明のあったものを送配電部門が固定費を支払う形式となっている。ただし、やや場当たり的な印象もあるため、将来どうなるかは不確実かも知れない。

4-3-4 容量市場

容量市場は米国の北東部地域を中心に導入されている制度である。もともと北東部地域では1965年のニューヨーク大停電の反省から複数の電力会社がまとまってプール運用を行っていた。これら地域では、自由化前からプール市場に参加する電力会社には電力会社に自らの抱える需要規模に応じて供給力確保義務が課せられていた。

北東部地域の送電機関であるPJM[19]では、1974年から供給力確保義務が開始され、1999年からは容量市場として供給力確保義務の過不足を取引する市場として市場運用が行われていたが、容量価格低迷等の問題もあり、2007年からPJMが3年先までの供給力価値をいったん買い上げ、小売会社に費用負担を求めるRPM（Reliability Pricing Model：信頼度価格設定方式）と呼ばれる方式に変更されている。

---

19 ペンシルベニア州、ニュージャージー州およびメリーランド州をまたがる地域を指す。現在、PJMは13州・ワシントンDCの一部ないし全ての地域を系統制御区域としている。

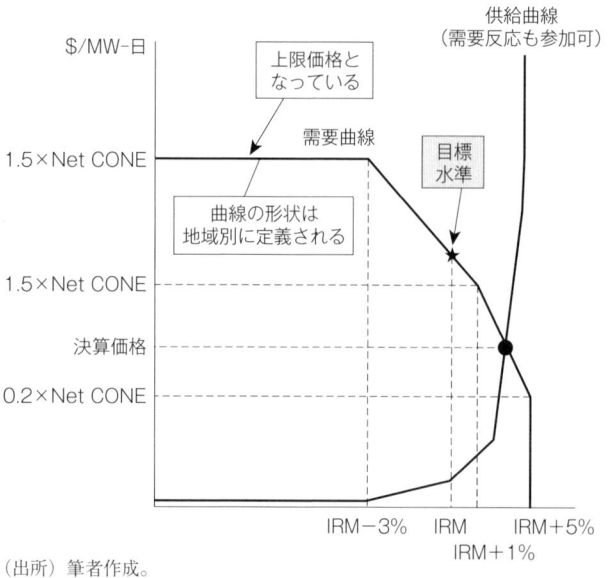

図表 4-12　RPM方式の受給曲線

（縦軸）$／MW-日

- 1.5×Net CONE（上限価格となっている）
- 需要曲線（曲線の形状は地域別に定義される）
- 1.5×Net CONE
- 決算価格
- 0.2×Net CONE

（横軸）IRM−3%、IRM、IRM+1%、IRM+5%

供給曲線（需要反応も参加可）

目標水準

（出所）筆者作成。

　同方式は安定供給に必要な供給力の目標水準と各種市場で回収困難な費用（Net CONE）を設定して、供給力の買い取りのための需要曲線を設定する。それに対する応札に基づいて供給曲線を作成し、需給のバランスするところで買取価格と供給力を決定する。先述のとおり、オークションは3年前に開始され、毎年変化分を見直すオークションが実施され、受渡年の運用に移行する形式になっている。同方式を導入したことで、発電所の固定費回収の見通しが立てやすくなり、発電投資が円滑に行われることが期待されている。

　同様に北東部地域の送電機関である ISO New England でも当初は供給力確保義務に伴う短期の過不足が取引されていたが、3年先までの容量取引へ移行したことで、容量市場からの収入が期待できる状況になっている。

　また英国でも低炭素化社会移行を目指した電力システム改革が議論されており、容量市場の導入が検討されている。別途固定価格買取制度で支援を受ける再生可能エネルギー発電等を除く新規・既存発電設備を対象として、受

渡し4～5年前に送電系統運用者が基準となる供給力を設定し、発電ゾーンごとに容量供給者を決定する集中型オークションを実施する。その後は通常の先渡し取引やスポット取引等の卸電力取引が行われ、容量供給者は受渡し期間内に系統運用者からの要請を受けた場合に容量を利用可能にするか罰金を支払うかというオプション的な契約になっている。

こうした容量市場は米国北東部地域のような集中型エネルギー市場と連携が必要であったり、制度自体が複雑化である等のデメリットが指摘される一方で、供給側の入札行動を見ながら市場全体の供給力の状況を把握するには優れた制度であると見ることもできる。

4-3-5 まとめ

先進諸国では政策主導での再生可能エネルギー発電の導入拡大が進んでおり、特に負荷追従能力の高い火力発電の投資確保が共通課題になっている。その際に地球温暖化対策との関係から石炭火力ではなく、天然ガス火力の投資を促すことを主眼として各国で容量メカニズムの検討が進んでいる。こうした容量メカニズムによる発電投資確保は安定供給確保への貢献が期待されるが、政策当局により期待される発電投資に一定の制限を加える場合、当該エネルギーの価格の高騰や供給不足に対して電力市場も脆弱になりやすくなる点は留意が必要である。

このように容量メカニズムは発電投資に対して少なからず政策当局の市場介入を増加させる措置であり、全体としての市場メカニズムの機能を歪ませる面があることは否定できない。もともと容量メカニズムには、安定供給に必要な供給力に対して卸電力市場を通じて費用回収が困難なものに補塡することが求められるが、卸電力市場との相互作用による最適解に向かうという市場原理が働く仕組みになっておらず、政府による制御が介在することになる。そのため容量メカニズムの構築のみではなく、政策当局は市場監視等を通じて卸電力市場の状況把握に努め、適切な容量メカニズムの運用を行うことが必要と言えよう。

4-4 わが国における容量メカニズム設計に向けて[20]

4-4-1 電力システム改革の中の容量メカニズムの位置づけ

　政府が進めている電力システム改革では、小売全面自由化や発送電分離等の施策を大きく3つの段階に分けて進めていく予定である。一般家庭まで含めた電力小売の全面自由化は、第2段階にあたり、2016年を目途に実施される予定であるが、これに伴い、「一般の需要に応じ電気を供給する事業」である一般電気事業の概念が消滅する。垂直統合体制の一般電気事業者は、現在の電力システムにおいて、法律上明確に規定されたものではないにしろ、各供給エリアの電気の安定供給責任を事実上担っている。電力システム改革の本質は、この体制からの脱却である。電力システム改革専門委員会（2013）でも「新たな枠組みでは、これまで安定供給を担ってきた一般電気事業者という枠組みがなくなることとなるため、供給力・予備力の確保についても、関係する各事業者がそれぞれの責任を果たすことによってはじめて可能となる」[21]と述べている。

　電力システム改革の制度設計について議論している制度設計 WG[22]では、上記の「関係する各事業者」の「それぞれの責任」の一環として、小売事業者に対して、「自らの供給の相手先の需要（販売量）に応じた供給力の確保を義務づけ」ることとしている（供給力確保義務）[23]。しかし、供給力確保義務は、現在の一般電気事業者に課せられている供給義務とは別物である。供給力確保義務を課せられていたとしても、小売事業者には「自らが確保で

20　本節および4-2は、国際環境経済研究所のウェブにおいて、電力改革研究会『ミッシングマネー問題と容量メカニズム（第1回～第3回）』として発表されたものである。
21　電力システム改革専門委員会（2013）p.40。
22　正式名称は、総合資源エネルギー調査会　基本政策分科会　電力システム改革小委員会　制度設計 WG。
23　経済産業省（2013b）p.4。

きる供給力の範囲で小売事業を行う」自由があるから、各小売事業者が確保した供給力を足し上げても、日本全体で必要な供給力に届くとは限らない。

つまり、小売事業者に対する供給力確保義務は、日本全体で必要な供給力を担保するものではなく、これは一義的には市場原理に委ねるしかない。しかし、4-2で説明したとおり、単に市場に委ねるだけでは、ミッシングマネーが発生し、必要な供給力が維持できないので、日本においても、市場を補完する容量メカニズムを導入する必要がある。

4-4-2 容量メカニズム導入の目的と意義

容量メカニズムを導入する目的は、一義的には、安定供給のために日本全体で必要な供給力を中長期的に確保することである。容量メカニズムを改めて定義すると、「電気の供給力（kW）を維持している価値（kW価値）のみを評価して何らかの対価が支払われる仕組み」となる。実際に発電をしてどれほど電力量（kWh）を産出したかとは無関係に、安定供給のために必要と判断されるkWに対し、対価を支払うことで、ミッシングマネー問題を解消、あるいは緩和する。これにより、安定供給上必要な既存の電源が不採算となって退出することを防止するとともに、投資回収の予見性を高めることにより、新規の電源投資を促すことを狙っている。

他方、政府が進めている電力システム改革の方向性を踏まえると、容量メカニズムには、次のふたつの意義もある。

第一に、安定供給へのフリーライダーを排除することである。

先に述べたように、小売事業者に対する供給力確保義務は、日本全体で必要なkWを担保するものではないが、逆に、日本全体で必要なkWが確保されていれば、kWを保持していない小売事業者は卸電力市場における取引を通じて供給力確保義務を果たすことができる。しかし、市場価格による取引でミッシングマネーが発生し、必要なkWが固定費を十分に回収できないならば、それは、卸電力市場における電気の買い手が、本来負担すべき固定費を十分に負担していないことを意味する。

電力システムの供給信頼度には、公共財的な性格がある。いったん同じ電力系統に接続されれば、すべての系統利用者にとって供給信頼度は共通である[24]。これは、必要なkWを確保するための固定費を負担していても、十分負担していなくても共通である。つまり、電力システムは、安定供給へのフリーライダーが生じやすいシステムであり、これを放置することは、競争環境の公平性の観点から望ましくない。他方、容量メカニズムにおいて、kWに対して支払われる対価の原資は、すべての小売事業者が所定のルールに基づいて分担するので、容量メカニズムは、安定供給へのフリーライダーを排除する仕組みと言える。

第二に、広域メリットオーダーの実現に資することである。

広域メリットオーダーとは、電力システム改革専門委員会（2013）では、「最も効率的で価格競争力のある電源から順番に使用するという発電の最適化を、事業者やエリアの枠を超えて実現すること」と定義されている。これは、現在存在するkWを所与とすれば、日本全体の電力供給コストを最小化することになるので、日本全体にとって利益をもたらすものである。電力システム改革専門委員会（2013）は、この広域メリットオーダーを、卸電力市場を活用することにより実現するとしている。つまり、市場取引を通じて、当初稼働する予定であった可変費の高いkWが、余っていた安いkWに差し替わることを期待しているわけであるが、こうした差し替えが起こるためには、市場への売り入札が可変費（≒短期限界費用）に近い価格で行われる必要がある。市場のプレイヤーがこのように行動するには、各小売事業者が相応にkW価値を負担しあっている状況（フリーライダーが排除されている状況）を確保する必要がある。容量メカニズムは正にこの状況を作り出すものである。

---

[24] スマートメーターが普及すれば、同一系統に接続されていても、供給信頼度を差別化することが技術的に可能になる。

第4章
供給力確保と容量市場

図表4-13 容量メカニズムの手法

手　　法	メリット	デメリット
【手法1】 電源所有者と小売事業者との間の相対契約の仲介業務的な市場	■実際の電気（kWh）の使用権契約的な位置づけとなるため、当該市場において約定した電源を供給力確保に直結できる。 ■電源に求める要件の設定などにおいて自由度が高い（調整力の高い電源をより高く評価する要件設定を行うなど。	■平時（需給が緩和している時）には市場での価格がつかず、発電事業者にとって投資回収の場としての意義が乏しい（海外での経験）。 ■仮に小売事業者と成約したとしても、負荷率の低い小売事業者が相手方であった場合に、電源の運用変更を発電事業者側の判断で行うことができず、電源運用の効率性が低下する可能性。
【手法2】 電源のkW価値をすべての小売事業者の需要（相対契約等により供給力確保済みの分を除く）に応じ割り振る市場	■発電事業者にとってはkW相当分の回収が容易となり設備投資・維持のインセンティブとなる。 ■米国において事例があり、一定の評価が得られている（英国でも同様の仕組みを検討中）。	■すべての小売事業者にkW価値を負担させる義務づけが必要。 ■負担したkWに対応した電気（kWh）の使用権は与えられないため、実際の供給力調達は別途行うことが必要。

（出所）経済産業省（2013a）p.22。

4-4-3　日本における容量メカニズム検討の進め方

　容量メカニズムの導入時期については、理論上は、法律上供給義務を担う主体がなくなる小売全面自由化（第2段階）と同時期が望ましい。しかし、海外においても発展途上の制度であるし、国内においても、ミッシングマネー問題の所在の認識が十分でなく、知見の蓄積も不十分と思われるので、検討にある程度時間がかかるのもやむを得ないと思われる。制度設計WGの議論においても、容量メカニズムについては、表4-13のふたつの代表的手法を例示した段階である。

　比較的早期に容量メカニズムを導入した電力市場としては、米国東部のPJMが知られているが、上記の2手法のうち、初期に導入された容量市場は手法1に相当し、その制度で顕在化した問題を踏まえた進化形である信頼

103

度価格設定方式は手法2に相当する。こうした経過を考えると、日本における容量メカニズムの検討は、基本的に手法2を中心に進めることが適切と思われる。

なお、容量メカニズムに対する批判として、電力供給コストが増えるのではないか、というものがあるが、容量メカニズムは、コスト負担の配分を変える仕組みであって、コストそのものを増やすものではない。少なくとも、今が日本全体で必要な供給力が確保されている状態であるなら、容量メカニズム導入の有無にかかわらず、日本全体で発生しているコストは変わらない。仮に導入の結果、ある需要家の負担が増えたとしたら、それは、それまでフリーライダーであった需要家の負担が適正化したことを意味する。

4-4-4 容量メカニズムの制度の流れと論点

手法2採用を前提に、容量メカニズムの制度の流れの一例を以下に示す。制度の対象となる年度をNとする[25]。

＜N年度開始前[26]＞
(1) 容量メカニズムの運営主体（以下、運営主体）[27]は、N年度における日本全体で必要なkW総量（以下、kW総義務量）を設定
(2) 運営主体は、発電事業者等[28]による提供可能なkWを募集（発電事業者等が応募）、応募量とkW総義務量に基づきkW価格（クレジット価格）を決定
(3) 運営主体は、上記義務量を全小売事業者に配分（供給計画に基づき暫定的に配分）

---

[25] 容量メカニズムは、ある特定の時間を指定して、当該時間において安定供給のために必要な供給力の量を決定することが出発点である。この時間の単位は、ここでは年度を仮定したが、四半期でも月でも週でも日でも、設計は可能である。
[26] N年度の直前ではなく、一定期間前との意味。どの程度前に(1)〜(4)のことを行うかは論点である。
[27] 容量メカニズムの運営主体は、発電事業者、小売事業者から中立である必要がある。日本に照らすと、今後創設予定の広域系統運用機関が運営主体となることが自然であるが、それ以外の組織が運営主体となることも排除されない。
[28] kWを提供する側を「発電事業者等」と表し、単に「発電事業者」としていないのは、デマンドレスポンス（DR）を供給力（kW）として評価する可能性を想定している。

第4章
供給力確保と容量市場

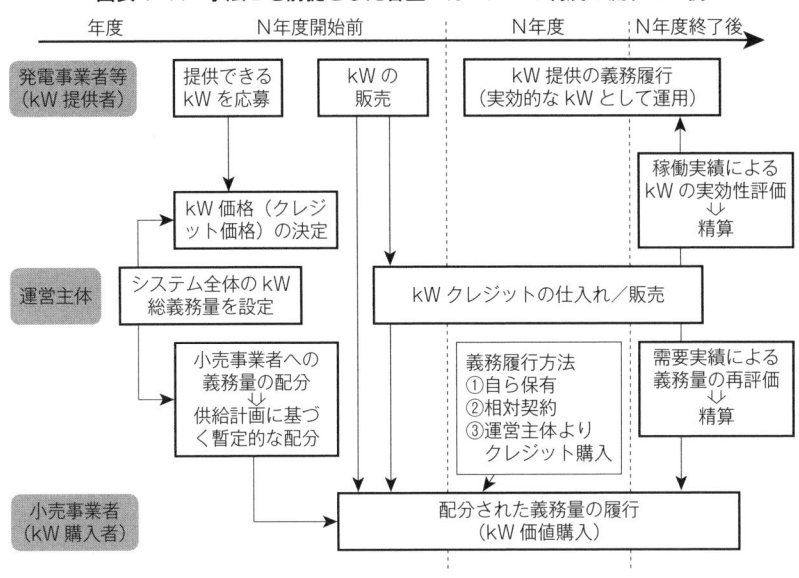

図表4-14 手法2を前提とした容量メカニズムの制度の流れの一例

[図表：発電事業者等（kW提供者）、運営主体、小売事業者（kW購入者）の3者間で、年度、N年度開始前、N年度、N年度終了後の時系列に沿った制度フローを示す図]

発電事業者等（kW提供者）：提供できるkWを応募 → kWの販売 → kW提供の義務履行（実効的なkWとして運用）→ 稼働実績によるkWの実効性評価 → 精算

運営主体：kW価格（クレジット価格）の決定、システム全体のkW総義務量を設定、小売事業者への義務量の配分（供給計画に基づく暫定的な配分）、kWクレジットの仕入れ／販売、需要実績による義務量の再評価 → 精算

小売事業者（kW購入者）：配分された義務量の履行（kW価値購入）、義務履行方法 ①自ら保有 ②相対契約 ③運営主体よりクレジット購入

（出所）筆者作成。

(4) 小売事業者は、配分された義務量を履行（義務量相当のkW価値を確保）。

＜N年度中＞

(5) 発電事業者等は、kW提供者の義務を果たすべく、発電設備等を運用（「kWの実効性」の基準を満たすべく運用）

＜N年度終了後＞

(6) 運営主体は、提供されたkWの稼働実績に基づき、実効性を評価し、発電事業者等との間で精算を実施

(7) 運営主体は、N年度の需要実績等に基づいて、小売事業者のkW義務量および履行状況を再評価し、小売事業者との間で精算を実施

図表4-14は、上記を図示したものである。

容量メカニズムの制度は概して複雑であるが、その複雑さや難しさは温室

効果ガス等の排出抑制策である排出権取引制度と似ているところがある。以下に容量メカニズムの制度設計にあたっての主な論点を列挙した。

(1) kW 総義務量をどのように決めるか。
(2) kW 総義務量を小売事業者にどのように配分するか
(3) kW 価格をどのように決めるか
(4) kW の実効性をどう判断するか

以下、個々の論点について、排出権取引制度との類似点に触れながら説明していく。

4-4-5　kW 総義務量をどのように決めるか

　容量メカニズムを導入するにあたっては、kW 総義務量を定める必要がある。kW 総義務量は、市場で決めることはない。これは、日本の温室効果ガス排出枠の総量を市場で決めることがないことと同様である。kW 総義務量は、kW を売る側（発電事業者等）からも買う側（小売事業者）からも中立的であって、かつ安定供給に責任を持つ主体が決める必要がある。

　電力システム全体で確保すべき kW 総義務量は

$$kW 総義務量 = 最大需要想定値 \times (1 + 適正予備率)$$

の式で表すことができる。この算出緒元である最大需要想定値と適正予備率は、いずれも容量メカニズムの運営主体が定める。最大需要想定の実際の作業は、各エリアの実情に通じている送配電会社が行い、運営主体がエンドースすることも考えられる。政府の電力システム改革案においては、小売事業者も需要想定を行い、広域系統運用機関に供給計画の形で提出するが、これは需要想定と言うより販売計画に近い性格のものであるので、kW 総義務量を決める諸元とは基本的に別物である。

　適正予備率については、現在の日本では、8〜10% が目安とされており、一般電気事業者が経済産業省に提出する供給計画でも基準となっているが、容量メカニズムを導入し、小売事業者に金銭負担を求めるに際しては、この

基準では曖昧すぎるので、今後は、都度 LOLP 計算を行って適正予備率を定めることが必要だろう[29]。

4-4-6 kW 総義務量を小売事業者にどのように配分するか

次に、kW 総義務量が全体として確保されるように、個々の小売事業者に kW の確保義務を配分する。この配分は、排出権取引制度では、国全体の排出枠を個別の産業や企業に配分するプロセスに相当するが、何らか過去の実績に基づいて、未来の義務を決める、そのために激しい利害対立が起こる[30]排出枠と違い、kW 総義務量の配分は需要の実績に基づいて行うことができる。例えば、N 年度における小売事業者 A の需要が、全体の需要の X%を占めていたとしたら、kW 総義務量の X%を小売事業者 A に配分すればよい。もっとも何を需要実績として定義するかについては、選択肢があり得るので、そこで論争は起こり得る[31]。しかし、いったん実績の定義が決まれば、毎年の実績に基づいて機械的に義務量の配分を算定するだけになる。

4-4-7 kW 価格をどのように決めるか

kW 価格をどのように決定するかは、容量メカニズムの成否を決める重要な要素である。例えば、PJM における初期の容量市場に倣えば、kW を購入する小売事業者による買い入札と kW を販売する発電事業者等による売り入札による板寄せによって、kW 価格を決める方法がある。容量「市場」と聞いてまずイメージするのは、こうした方式だと思うが、この方式の下では、kW の取引価格は大きく上下動する。

容量市場も排出権市場も、kW を確保する義務や、温室効果ガス排出量を

---

[29] 適正予備率および LOLP の算定方法については、4-2-4 参照。LOLP を算定する要素である、電源ごとのユニット容量・計画外停止率、地域間連系線の制約、出水による水力発電所の出力変動、需要レベルの時間変化、確率的な需要変動等の需給変動要因は、毎年変わりうるものなので、毎年 LOLP 計算をやり直せば、毎年結果は変わる。PJM でも毎年 LOLP を算定し直している。
[30] 過去の実績に基づいて排出枠を決めると衰退産業が有利になる等。
[31] 1日最大電力、最大3日平均電力、年間上位200時間の平均電力、消費電力量、あるいはこれらの組み合わせ等。

図表 4-15　RPM における入札曲線

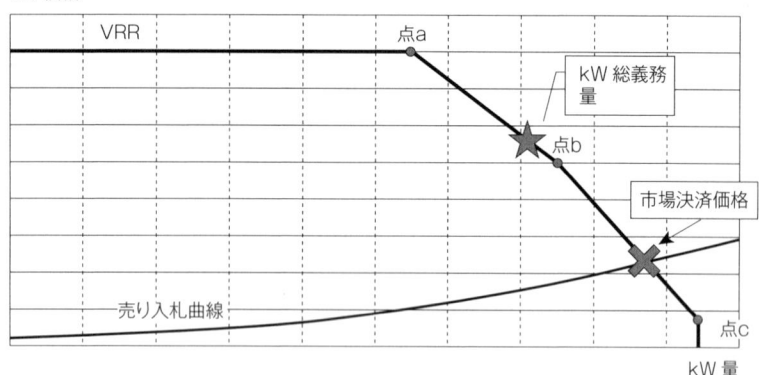

(注) 点 a：(kW 量、kW 価格) = (kW 総義務量 ×0.97、Net CONE×1.5)
　　点 b：(kW 量、kW 価格) = (kW 総義務量 ×1.01、Net CONE×1)
　　点 c：(kW 量、kW 価格) = (kW 総義務量 ×1.05、Net CONE×0.2)
(出所) PJM (2012) を筆者が加工。

枠内に収める義務といった義務を、ペナルティ付きで人工的に設定するからこそできる市場である。こうした市場は、宿命的に価格は乱高下する。排出権価格で言えば、経済が好調で温室効果ガス排出量が増えてしまう状況下では排出権価格はペナルティの額に貼り付き、景気が低迷して排出量が減少した時は、排出権はほぼ無価値になるため、ゼロ近くまで価格が下落する。それとほぼ同じことが、PJM の初期の容量市場では起きていた[32]。

そのため、PJM が、2007年度（2007年6月1日から始まる年度）から、新たに導入した RPM では、個々の事業者が kW を購入するのではなく、PJM がシステム全体の kW の必要量を一括して買い上げ、かかったコストを小売事業者に配分・請求する。PJM による買い上げの際は、Net CONE（電源維持に必要な固定費の額）[33]を用いて VRR（Variable Resource Requirement）と呼ばれる右下がりの買い入札曲線（需要曲線）を PJM が

32　電力改革研究会 (2012) 参照。
33　米国では、エンジニアエリング会社である Whitman, Requardt and Associates が、電力会社の発電設備の建設コストの経年データを整理した統計 (Handy Whitman Index) を定期的に発行している。Net CONE はその統計を基に算定される。

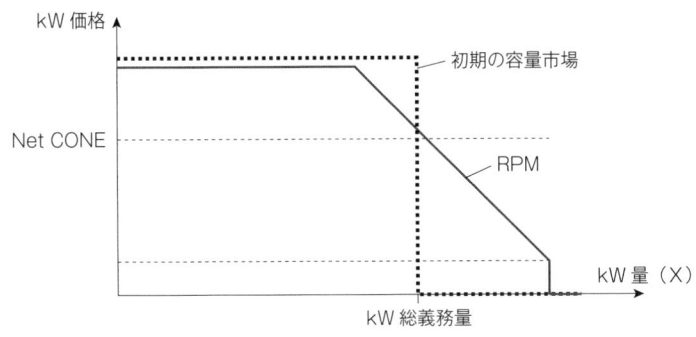

図表 4-16　PJM における初期の容量市場と RPM の需要曲線の比較（イメージ）

（出所）筆者作成。

人工的に作っている。イメージを図表 4-15 に示す。

　PJM における初期の容量市場と RPM について、需要曲線のイメージを図表 4-16 に示した。人為的に需要曲線に勾配が設定されているため、RPM の方が、価格の乱高下は抑制される。

　そもそも容量メカニズムあるいは容量市場を導入する目的は、通常の電力市場（kWh の市場）だけでは、コストの回収にリスクがあることから、それを補って投資回収の予見性を高めることである。容量市場もまた、価格が乱高下してリスクが大きいのでは、目的を果たせない。その点では、RPM は初期の容量市場よりもすぐれた制度である。人為的に需要曲線を作るところが、自然な市場原理を逸脱しており、違和感を持つ向きもあるかと推察するが、もともと容量メカニズムのベースとなっている、kW 総義務量も市場原理で決まっているわけではない。容量メカニズムの制度設計において、kW 価値を市場で決めることも必須ではなく、目的に適うものであれば、一括補助金[34]のような形で一定額を定めることも選択肢になりうる。

　日本のように電源建設のリードタイムが長い場合、例えば建設に10年かかる電源への投資判断に市場で決まる kW 価値を用いようとすれば、10年前

34　一括補助金については、例えば八田達夫（2008）参照。

にkWを募集して入札を行わなくてはならない。しかし、10年後の需要想定では、不確実性が大きく、適切な市場のシグナルとは言い難いであろう。そうであれば、あらかじめ一定額をkW価値として定めてしまう方が、容量メカニズム導入の目的に適っているとも言える。

いずれにせよ、kW価値の決め方は重要な論点である。今後の検討においては、市場を用いない方法も含めて、選択肢を幅広く捉えることが重要と思われる。

4-4-8 kWの実効性をどう判断するか

kWの実効性とは、当該発電設備等が、kWhのニーズがあった時に、供給力として見込める確実性の度合いを言う。電気は基本的に生産即消費であるので、計画外停止率が高い電源、再生可能エネルギーのように稼働のコントロールが難しい電源は、kWの実効性が低いことになる。容量メカニズムを導入しても、実効性の高い電源の低い電源も同じkW価値が支払われるのでは、安定供給のために必要なkWを維持する目的に適わない。実効性の低いkWに支払われるkW価値は減額される必要がある。

ただし、実効性に万国共通の定義があるわけではない。海外の先例を参考にしながら、まずは実効性の定義を定める必要がある。例えば、フランスでは、「所定のピーク時間帯（年間200時間程度）に稼働あるいは稼働可能であること」と定義されている。同時に、それぞれの発電設備等が、実効性の定義に適った運用がなされているかどうかモニタリングする仕組みも構築する必要がある。

この実効性をモニタリングする仕組みの構築は、容量メカニズムを導入する上で、物理的な課題である。kWhは計量器で明確に計測できるのに対して、kWの実効性の監視はより難しく、手間もお金もかかる。極力コストをかけずに意味のあるモニタリングができることが理想であり、実効性の定義を検討する段階から、そのような意識を持って議論を進めることが重要であろう。

参考文献

Joskow, Paul L.（2006）"Competitive electricity markets and investment in new generating capacity," CEEPR 06-009 WP, June 12, 2006.

PJM（2013）"PJM Manual 18: PJM Capacity Market Revision: 20"
http://pjm.com/~/media/documents/manuals/m18.ashx

The Brattle Group（2012）"ERCOT Investment Incentives and Resource Adequacy"
http://www.hks.harvard.edu/hepg/Papers/2012/Brattle%20ERCOT%20Resource%20Adequacy%20Review%20-%202012-06-01.pdf

経済産業省（2013a）『第2回制度設計WG 資料3-2 事務局提出資料 新たな供給力確保策について』
http://www.meti.go.jp/committee/sougouenergy/kihonseisaku/denryoku_system/seido_sekkei_wg/pdf/02_03_02.pdf

経済産業省（2013b）『第4回制度設計WG 資料5-2 事務局提出資料 供給力・調整力確保について』
http://www.meti.go.jp/committee/sougouenergy/kihonseisaku/denryoku_system/seido_sekkei_wg/pdf/04_05_02.pdf

電力改革研究会（2012）『容量市場は果たして機能するか？〜米国PJMの経験から考える その1』
http://ieei.or.jp/2012/09/special20124017/

電力システム改革専門委員会（2013）『電力システム改革専門委員会報告書』
http://www.meti.go.jp/committee/sougouenergy/sougou/denryoku_system_kaikaku/pdf/report_002_01.pdf

八田達夫（2008）『ミクロ経済学Ⅰ』東洋経済新報社．

山本隆三・戸田直樹（2013）『電力市場が電力不足を招く、missing money問題（固定費回収不足問題）にどう取り組むか』IEEI Discussion Paper 2013-001
http://ieei.or.jp/wp-content/uploads/2013/06/d2e9352aad12ee87f884085d7390c506.pdf

第5章
ドイツのエネルギー政策の理想と現実
―自由化・再エネ・脱原発―

5-1 ドイツのエネルギー政策を取り上げる理由と注意点

　電力システムは複雑に絡み合うさまざまな要素を勘案し構築せねばならないため、理想像という単一の「正解」が欲しくなり、しばしばそれを欧米など他国に見出そうとする。特にドイツは製造業が盛んであることやGDPの大きさなどでわが国と類似点が多く比較しやすいこと、自由化や再生可能エネルギーの導入に先進的に取り組んでいることなどから、参考事例として紹介されることが多い。本章ではドイツを題材に電力システム改革議論に内在する問題点について考え、日本への示唆を読み取ってみたい。

　まず、エネルギー政策の基本である3E（energy security、economy、environment）の良いバランスというのは、その国・地域の所与の条件、すなわち人口構成、産業構造、景気動向、気候、地形、化石燃料の賦存量、自然エネルギーのポテンシャル、国民性、そしてどのような社会を目指すかによって異なり、同じ国・地域であっても時代によって何が重要視されるかは異なる。つまり、他国・他地域でのシステムを学ぶことは重要であるが、そのままわが国において適用できるわけではないことを踏まえて議論することが重要である。

　特に欧州は電力・ガス供給網の連系接続が進んでおり、1カ国を切り取って日本と比較してもその意義は薄い。各国の電源構成を比較すると、水力の多いオーストリア、スウェーデン、天然ガスの多い英国、イタリア、石炭の

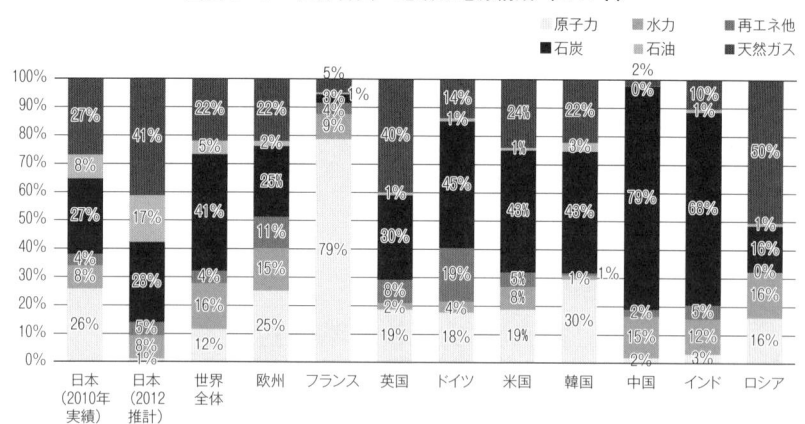

図表 5-1　世界各国・地域の電源構成（2011年）

	日本(2010年実績)	日本(2012推計)	世界全体	欧州	フランス	英国	ドイツ	米国	韓国	中国	インド	ロシア
原子力	27%	41%	22%	22%	79%	40%	14%	24%	22%	0%	10%	
水力	8%		5%	2%	9%		1%	1%	3%		1%	50%
再エネ他	27%	17%	41%	25%	4%	30%	45%	45%	43%	79%	68%	1%/16%
石炭	4%/8%	23%/5%	4%/16%	11%/15%	5%/3%/1%	8%/2%	19%/4%	5%/8%	1%/1%/30%	2%/15%	5%/3%/12%	0%/16%
石油	26%	8%/1%	12%	25%		19%	18%	19%		2%		16%
天然ガス												

（注）欧州はヨーロッパに位置する OECD 加盟国。
（出所）IEA Energy Balances OECD/NON-OECD 2013. 電源開発の概要などから作成。

多いポーランド、チェコ、原子力の多いフランス、ベルギーなどのようにそれぞれ特色が見られるが、EU 全体でみるといずれかひとつの電源が突出した存在になってはおらず、東日本大震災以前の日本の電源構成とも類似したバランスのとれた構成となっている（図表5-1）。

5-2　ドイツの一般的事情

　人口は約8200万人（2011年）、国土面積3500万 ha と、人口は日本よりやや少ないものの国土面積はほぼ同じである。緯度は、北部の都市ハンブルクで53度、南部のミュンヘンでも48度と札幌より北に位置し、冬の寒さが厳しいため電力需要は冬季にピークとなる。欧州の中心部に位置し送電網はフランス、オランダ、スイス他東欧諸国ともつながっており、電力の融通が行われている。

　米国、中国、日本に次いで世界第 4 位の GDP を誇る経済大国であり、化学製品輸出額は世界第 2 位、工業製品輸出額は世界第 2 位（共に2012年実績。

114

第 5 章
ドイツのエネルギー政策の理想と現実―自由化・再エネ・脱原発―

総務省統計局。「世界の統計2014」第9章貿易）と製造業が盛んである。そのため一次エネルギー消費量は欧州最大となっている[1]。国内に豊富な褐炭（brown coal）[2] を有し、褐炭産出量は世界第1位を誇る[3]。エネルギー自給率は約40%であるが、天然ガスはほとんど産出せず多くをロシアから輸入している。ロシアの天然ガスへの依存度を下げていくことが[4]国のエネルギー政策の大きな柱となっており、資源供給源・供給ルートの多様化、エネルギー源の多様化、エネルギー効率の向上を図ることなどを目標としている。ロシアの天然ガスへの依存度は2000年当時45%、2012年にはだいぶ低下したものの約35%である[5]。

5-3 ドイツの電力システムとEUの動き

ドイツのエネルギー政策を理解するためには、EU全体のエネルギー・気候変動政策を踏まえる必要がある。EUは加盟国の社会・経済上の利益を目的とした連合体であるため、共通政策の強制力と国家主権尊重のバランスはテーマによって異なり、また状況とともに変化する。

エネルギー政策は高度に国家主権にかかわる問題とされ、EU統合以降も各国の裁量に委ねられるべきだと考えられていた。しかし、金融・保険等に続いて、電力・ガスについても域内単一市場化を希求する動きが広がり、加えてEU全体でのエネルギー安定供給確保、気候変動問題への対応策として、

---

[1] 日本エネルギー経済研究所資料（2011年5月）。
http://eneken.ieej.or.jp/news/trend/pdf/2011/2_04Germany.pdf
[2] 褐炭とは、広義には石炭。石炭化度が低く、水分・不純物を多く含む低品位炭。
[3] H23年度海外炭開発高度化等調査「世界の石炭事情調査―2011年度」p.40. 2009年実績、2010年見込み。
[4] ロシアから供給される天然ガスの販売価格等をめぐってロシアとウクライナの間には継続的に争いが生じており、ウクライナを経由するパイプラインの下流に位置する欧州各国は供給支障等の被害を被ってきた。そうした背景もあり、ロシアの天然ガスへの依存度を低下させることは欧州各国において重要な政策目標となっている。
[5] eurostat データベースより。
http://epp.eurostat.ec.europa.eu/portal/page/portal/energy/data/database

共通のエネルギー政策策定が進められることとなった。

なお、EU は基本条約により立法権を認められており、欧州委員会等 EU の機関は規則、指令、決定、勧告、意見などを定めることができる。規則、指令、決定は範囲や対象に違いがあるが法的拘束力を有する。規則はすべての国内法に優先して直接加盟国に適用され広く法的拘束力を有する一方、指令は加盟国に達成すべき目標を課し、達成方法は加盟国が法制化するものとされる。また、決定は対象者に対してのみ法的拘束力を有し、わが国の行政規則に該当すると解される。

5-3-1 EU の電力市場自由化を促す動き

EU は1996年、電力指令を発して域内の電力市場統合に向け、加盟国に、2003年までに発電部門を自由化すること、発送電分離を進めること、小売市場についても段階的に32％まで自由化することなどを求めた。03年には、さらなる自由化を進めるために、EU 電力指令の改正が行われ、加盟国は、送電系統運用者を法的に別会社として分離すること（ITO 化）、07年7月までに小売を全面自由化することとされた。EU 加盟各国における発送電分離や自由化は、英国のように市場原理を尊重して自主的に取り組んだ場合を除けば、この電力指令によって促されたものである。

5-3-2 EU 共通の気候変動・エネルギー政策

高度に国家主権にかかわる問題とされていたエネルギー政策は、単一市場の整備という目的の下、一部 EU に権限が委譲されることとなり、その後気候変動問題への意識の高まりや化石燃料価格の高騰、EU のエネルギー自給率低下などが、エネルギー政策について EU の関与・権限を強めるドライブとなった。

2009年12月に発効した「欧州連合条約および欧州共同体設立条約を修正するリスボン条約」は新たな課題への機動的対応を可能とするため既存の基本条約（欧州連合条約と欧州共同体設立条約）を改正したものであるが、地球

温暖化問題に国家間の壁を超えて対応することを明確に掲げ、初めてエネルギー政策について全般的な目標（エネルギー市場の機能確保、域内のエネルギー安定供給の確保、エネルギー効率化や省エネルギー、再生可能・新エネルギーの開発促進など）が導入された。

その後、京都議定書第一約束期間以降の枠組みを主導し、EU全体の持続可能な発展とエネルギー安定供給、国際競争力の強化の同時達成を目的として、2020年までの中期的な目標に2007年のEU首脳会議で合意、09年には閣僚理事会で6つの法令（決定、指令）を含むパッケージを採択している。07年の首脳会議での合意は、「20：20：20目標」と呼ばれ、

- 2020年までにEU単独で温室効果ガス排出量を1990年比20％削減（ただし、他の先進国の合意や途上国の貢献があれば30％削減まで引き上げ）
- 2020年までに総エネルギー消費に占める再生可能エネルギー比率を20％に拡大（輸送用燃料においては10％に拡大）
- 2020年までに総エネルギー消費を20％節減（努力目標）

が主たる内容であった。

さらに2050年に向けた長期的なビジョンとして、11年3月、「低炭素経済ロードマップ2050」が発表された。競争力のある低炭素経済への移行を目的とし、50年までに温室効果ガスの排出量を1990年比で80〜95％削減するというEU大での削減目標に向けたシナリオを描いている。2011年11月には、「エネルギーロードマップ2050」を発表し、省エネルギー、再生可能エネルギー、原子力、CCS[6]の活用により、エネルギー安定供給と電力コストに与える影響を支障のない範囲に抑え排出削減をいかに達成するかの提案を示している。

6　Carbon dioxide（CO_2）、Capture（回収）、Storage（貯蔵）の略。発電所や工場で化石燃料を使用した際に排出されるCO_2を回収し、地中に圧入する技術。

5-4 ドイツの電力自由化の経緯と効果

5-4-1 電力自由化の経緯

EUの電力指令を受け、ドイツは1998年にエネルギー事業法を改正し、発電部門への参入規制緩和、送電部門の会計・機能分離、そして小売部門は最初から全面自由化を行った。

自由化前は、発送配電・小売を一貫で担う8大電力会社と、地方自治体が出資する地域のインフラサービス会社が、地域において発電・配電・小売を行っていた。シュタットヴェルケと呼ばれるこのインフラサービス会社は、19世紀後半以降地域に必要な水道やガス、交通などさまざまなインフラサービスを提供してきており、1000社以上存在した。自由化以前には零細なシュタットヴェルケが価格競争に破れ淘汰されることが懸念されていたが、地域密着型であることや複合的にサービスを提供することが奏功して、実はその多くが生き残った。その一方で、垂直統合型の大手電力会社は統合が進み4社に集約された。自由化によって小売部門を中心に100社以上の新規参入事業者があったと言われるが、その多くは定着することなく破綻し、電気事業に関するプレーヤーを増やすという電力自由化のひとつの目的は、ドイツでは十分に果たされたとは言えない。

これはドイツに限った事象ではなく、世界のエネルギー企業の売上高順位において、2000年当時は東京電力が世界第2位、関西電力が世界第6位に位置していたが、その後自由化が進展した欧米諸国においてエネルギー企業の統合・大規模化が進んだため、10年には東京電力は世界第6位に、関西電力は第9位に下落している。燃料調達力の向上、コスト競争力の確保等の観点から、自由化した市場においては寡占化が進むことも十分起こりえる。

現在ドイツの電気事業は当初の持ち株分社から、さらにEU指令上のITO分離という形で発送電分離されており、発電・小売分野は完全に自由

化されている一方、送電系統を保有・運用する送電系統運用会社（TSO：transmission system operator）の4社は連邦政府の規制下に置かれている。

5-4-2 電力自由化による電気料金引き下げの効果は見られるか

　「電力自由化」とは、電気料金の低廉化を目的として、料金規制を撤廃し、料金の形成を市場に任せ需給を調整することで資源配分の効率化を図る仕組みに移行することを意味する。その結果、消費者に電力会社やメニュー選択の自由を与える一方、電力会社にも顧客選択や料金設定の自由を与える。導入の目的である電気料金引き下げ効果について検証する必要があることから、経済産業省の委託により、一般財団法人日本エネルギー経済研究所が「諸外国における電力自由化等による電気料金への影響調査報告書（以下、報告書）」を提出しており、ドイツについても分析を行っている。

　自由化が電気料金にもたらした影響を計測する場合、単純に自由化前後の電気料金の推移を観察するだけでは不十分である。燃料費の変動の影響、税金や補助金、再生可能エネルギー賦課金など政策による影響、自由化後も規制料金であり競争とは基本的に関係ないネットワーク料金の変動の影響等を補正して比較する必要がある。このような分析を行うために、ドイツの家庭用電気料金の内訳を推計し、経年の変化を追ったのが図表5-2である。

　図表の最下段「10/00」は、2000年から10年の変化を表しており、この間、ドイツの家庭用電気料金は11.01ユーロセント/kWh上昇しているが、そのうち、平均燃料費の上昇と政策の影響で説明できるのは、6.49ユーロセント/kWh（=0.43＋3.23＋2.83）である。規制料金であるネットワーク費用については、報告書の別のデータによればほぼ横ばいである。つまり、11.01－6.49＝4.52ユーロセント/kWhがこれらでは説明できない価格上昇分になり、報告書では「電気料金の上昇は発電マージンの上昇か小売マージンの上昇に起因した電気料金の上昇であると考えられる」としている。電気料金上昇の主要因として報告書は、「ドイツでの2000年以降の電気料金上昇は、再生可能エネルギー費用負担および税負担額の拡大が主たる原因であったと見るこ

図表 5-2　ドイツの家庭用電気料金の内訳

(単位：ユーロセント /kWh)

年	平均燃料費	発電・ネットワーク費用等(燃料費除く)	再生可能エネルギー法・CHP法賦課金	租　税	合　計
1999	0.39	11.20	0.1	4.84	16.53
2000	0.51	8.11	0.33	4.99	13.94
2001	0.66	7.93	0.44	5.29	14.32
2002	0.56	9.15	0.6	5.8	16.11
2003	0.48	9.75	0.75	6.21	17.19
2004	0.61	10.21	0.85	6.32	17.99
2005	0.76	10.46	0.97	6.4	18.59
2006	0.75	11.09	1.06	6.52	19.42
2007	0.80	11.44	1.3	7.14	20.68
2008	1.27	11.76	1.26	7.29	21.58
2009	0.87	13.02	2.18	7.62	23.69
2010	0.94	12.63	3.56	7.82	24.95
10/99	0.56	1.42	3.46	2.98	8.42
10/00	0.43	4.52	3.23	2.83	11.01

(出所) 平成24年度電源立地推進調整等事業 (諸外国における電力自由化等による電気料金への影響調査) 報告書 (一般財団法人日本エネルギー経済研究所)。

とができる」としているが、それら政策の影響や燃料費では説明できない料金上昇分が存在するので、少なくとも自由化がドイツの電気料金を引き下げたことはないと言える。

では、ドイツが特殊な事例なのであろうか。実は報告書によると、「日本を除く調査対象国では、電力自由化開始当初に電気料金が低下していた国・州もあったが、概ね化石燃料価格が上昇傾向になった2000年代半ば以降、燃料費を上回る電気料金の上昇が生じている」とされている。自由化を行った国・州の多くで、自由化による電気料金引き下げ効果は見られず、むしろ燃料費の上昇率を上回る料金上昇が生じているとの分析結果が示されているのである。

電力自由化の多くは、料金規制の下、供給義務を果たすために、電力事業

が大幅な設備余剰を抱えた「メタボリック」になった状況で実施された。フランス、ドイツ、イタリアなど欧州各国の自由化開始時の設備率[7]は1.5を上回っており、自由化当初は事業のスリム化による電気料金低減効果が見られたところもあるようだが、しばらくすると規制緩和により燃料価格や環境対策費などさまざまなコストを料金転嫁しやすいことの影響が大きく見られるようになる。なお、設備率に余裕がない状態（設備率1.06）で自由化を導入した米国カリフォルニア州においては、自由化直後電力危機を経験している。

自由化されれば、当然電力市場からの収入で投資回収を図らねばならない。競争市場にある民間事業者が資金調達を行う際のコストは当然高くなり、電気料金押し上げの要因ともなる。発電設備への投資を促すことを目的とする容量市場については第4章を参照されたい。

5-5 "Energiewende"の理想と現実

ドイツは2014年現在"Energiewende（エネルギー転換あるいはエネルギー革命）"の標語の下、再生可能エネルギーの積極的導入や脱原発・脱化石燃料の動きを進めている。東京電力福島第一原子力発電所事故後、脱原発の側面から着目されているが、先進的に気候変動問題に取り組むことで、将来的な化石燃料価格高騰への対処やエネルギー安全保障の確保、原子力事故の危険性排除などのリスク軽減策として、また、再生可能エネルギーにかかわる新たな雇用の創出という産業政策として捉えられている。その基本的な構想は2010年に気候変動・エネルギー政策として取り纏められた"Energiekonzept（エネルギー構想)"にある。

"Energiekonzept"は、

(1) 温室効果ガス排出量を1990年比で2020年に40％、40年までに70％、50

---

[7] その年の最大電力に対する当該年の12月31日時点の設備容量の比。

年には80～95％削減
(2) 一次エネルギー消費を1990年比で2020年までに20％、50年までに50％削減
(3) 最終エネルギー消費に対するエネルギー生産性を年2.1％向上
(4) 電力消費量を2008年比で20年に10％、50年に25％削減
(5) 2008年比で、建物の熱需要を20年に20％削減、50年に一次エネルギー需要を2050年に80％削減
(6) 最終エネルギー消費における再エネ比率を2020年に18％、30年に30％、40年に45％、50年に60％に拡大
(7) 電力消費における再エネ比率を2030年に50％、40年に65％、50年に80％に拡大

など、気候変動・エネルギー政策のゴールとして掲げる2050年までのロードマップである。

以下において、ドイツの"Energiewende"の状況について考察する。

5-5-1 再生可能エネルギー導入の状況

再生可能エネルギーに対しては、地球温暖化対策、エネルギー自給率の向上、再生可能エネルギー産業による雇用創出などさまざまな目的の下、その拡大に対して多くの国が政策的支援を行っている。支援の手法は、設備導入に際して税制優遇や補助金、債務保証を行うこと、あるいは発電電力量の一定割合を再生可能エネルギーによるものとする義務を電気事業者に課すRPS（Renewables Portfolio Standard）や、電力価格に固定のプレミアムを上乗せするFeed-in Premium、そして固定価格の買取りを保証するFeed-in Tariff（以下、FIT）などがある。

ドイツは1991年に、電力供給事業者に再生可能エネルギーの買取義務を課す制度を導入した。この制度下では、電源ごとの買取価格を電力小売価格に対する比率によって定めており、太陽光と風力は全消費者に対する小売価格平均の90％、それ以外の電源は65％から80％とされていた。しかし、この条

第5章
ドイツのエネルギー政策の理想と現実—自由化・再エネ・脱原発—

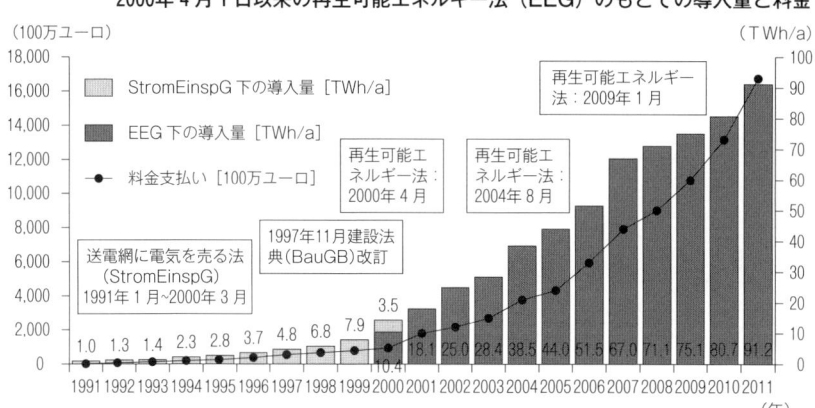

図表 5-3 ドイツにおける1991年以来の送電網に電気を売る法（StromEinspG）および2000年4月1日以来の再生可能エネルギー法（EEG）のもとでの導入量と料金

(注) 送電網に電気を売る法＝StromEinspG、建設法典＝BauGB、再生可能エネルギー法＝EEG　1 GWh＝100万 kWh
出所：連邦環境省 BMU-EI 1　再生可能エネルギー源統計ワーキンググループ（AGEE-Stat）による、画像；BMU/Bernd Mller；2012年12月速報値より
出典：「Development of Renewable energy sources in Germany 2011」p.17
　　　ドイツ連邦環境・自然保護・原子炉安全省（BMU）のために再生可能エネルギー源統計作業部会（AGEE-Stat）の算出したデータより（2012年12月）
(出所) http://www.challenge25.go.jp/roadmap/media/20130213germany.pdf

件では風力が買取価格と設備導入費用の差が大きく、他の電源と比較して優位となっていたことへの批判や、1998年の自由化以降2000年頃までは小売電力価格が下落したため、再生可能エネルギーの買取価格も下落し不採算事業が発生したことなどを受けて、2000年に固定価格での買取制度に移行した。5-4で述べたとおり、ドイツは電力市場を自由化し、料金の形成を市場に任せて需給を調整する仕組みに移行したが、市場に任せておいては達成できない地球温暖化対策やエネルギー自給率向上（3Eのうちの environment、energy security）といった政策目的を補完する目的で、FITにより固定価格・長期の買取を保証して投資環境を整備し、さらに優先接続・優先給電といった優先利用ルールを設けて、再生可能エネルギーを自由化市場の外に置いて普及を促進してきたのである。固定価格・長期の買取が保証されたことで、発電電力量に占める再生可能エネルギーの比率は2000年の6.6％から13

年の23.4％と約3倍以上に拡大し、かつ、太陽光発電システムの価格は06年の5.1ユーロ／Wから13年には1.7ユーロ／Wと約3分の1にまで下落した。

　FITによって再生可能エネルギーの拡大普及には成功したといえる。以下において、その結果としての①温室効果ガス削減効果、②賦課金の国民負担、③送電線整備や調整電源維持など再生可能エネルギー大量導入に付随するコストの問題、についてそれぞれ分析する。

5-5-2　再エネ導入により温室効果ガスの排出削減効果は確認できるか

　温室効果ガスの大宗を占めるCO_2の排出量は一般的に、経済活動の活発さによる影響が大きい。最近では、リーマン・ショックによる世界景気後退の時期に各国で温室効果ガス排出量も減少したことが確認されているとおりである。なお、実はドイツにおいては1990年以降急激な排出削減が見られ、かつ当時（1990年を挟む前後5年間）のGDP成長率が3％以上であったことから、経済成長と排出削減の両立に成功した好事例として紹介されることが多いが、排出削減量の47％が統合効果、すなわち、東西の合併により東ドイツに西ドイツの先進技術が導入され、効率の悪い設備の更新が進んだことなどが原因であり、政策による削減効果は53％と分析されていることに留意が必要である。

　地球環境産業技術研究機構の秋元圭吾氏は経済協力開発機構（OECD）各国の1990年、95年、2000年、05年の前後5年間の国内総生産（GDP）成長率と電力使用量の変化率を調査し、経済発展と電力使用量には相関関係が認められると指摘している（図5-4）。経済成長とCO_2排出抑制を両立するためには、低炭素電源の割合を増大させる必要がある。では、再生可能エネルギーの導入によるCO_2削減効果はどれほどなのか。ドイツ連邦環境省（以下、BMU）が、2011年単年では再生可能エネルギー法（以下、EEG）補償を受けた電気による削減分が約7000万トン、その年の排出量の約8％を削減したと発表している[8]。2011年の再生可能エネルギー賦課金総額が135億ユーロであるので、電源ごとの費用対効果を考えず単純に1トンあたりの削減費

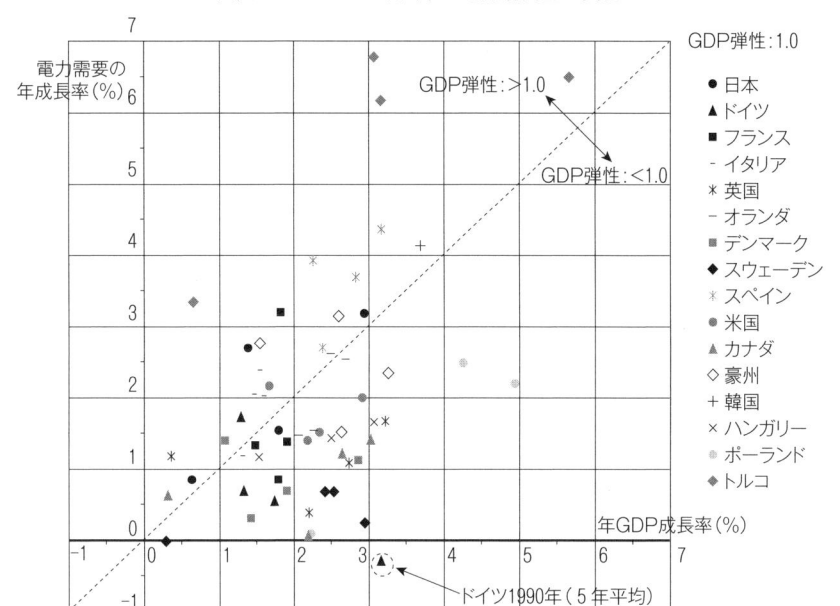

第5章
ドイツのエネルギー政策の理想と現実―自由化・再エネ・脱原発―

図表5-4　GDP成長率と電力消費量の変化

(出所)(公財)地球環境産業技術研究機構、秋元圭吾氏作成資料。

用を計算すれば190ユーロを上回っており、排出削減の手段としては非常に費用対効果が悪いことがわかる。再生可能エネルギーがCO_2削減手段として費用対効果が悪いことは数々の研究が指摘しており、例えば㈶電力中央研究所社会経済研究所ディスカッション・ペーパー「温室効果ガス2020年25％削減目標の経済的影響について」は「社会的割引率を用いた場合でさえ太陽光発電による排出削減コストは3万円/t-CO_2を超えており、仮に炭素価格を30ユーロ/t-CO_2としても2020年時点で太陽光発電を普及させることが効率的な選択になるとは到底考えられない」としている。

また、再生可能エネルギーの導入が市場全体に与える影響によって、排出

8　ドイツ連邦環境省BMU-EⅠ1 再生可能エネルギー源統計ワーキンググループ（AGEE-Stat）およびUBA-ドイツ連邦環境庁のデータを日本環境省のHPに紹介。
http://www.challenge25.go.jp/roadmap/media/20130213germany.pdf

がかえって増加する事態も生じている。2012年は前年と比して1.6％排出量が増加し、その要因としてアルトマイヤー環境大臣は、石炭火力発電が3.4％、褐炭火力発電が5.1％増加したことを指摘した。2013年も前年比1.2％の排出増加となっている。2014年は約3％減少（ドイツ連邦環境省速報値）したが、暖冬の影響も大きいことが指摘されている。FITによる賦課金の補助により安価になった再生可能エネルギーの大量導入によって電力市場の卸価格が低下し、減価償却の終わったような老朽化した石炭火力設備の優位性が高くなったこと、米国のシェールガス革命の影響によって米国産の安価な石炭がEUに流入したことおよびCO_2排出権の価格下落によって、石炭火力の競争力が増したことが影響したと考えられている。再生可能エネルギーの導入がCO_2削減に直結するわけではなく、むしろ再生可能エネルギーの大量導入をきっかけとした市場の変化により排出増加となる可能性が示唆されている。

5-5-3 再エネ賦課金の国民負担

　5-4-1に示した図表5-2「ドイツの家庭用電気料金の内訳」を見れば、2000年と10年では約1.8倍に上昇している。自由化導入以降、自由化の効果と断定できるような料金低減効果は確認できないことを指摘したが、上昇の主たる要因は税金や再生可能エネルギー賦課金等であることは見て取れる。特にFITによる再生可能エネルギー賦課金は大きな伸びを示しており、13年には5.3ユーロセント/kWh、標準世帯あたり15ユーロ（約2100円）/月の負担となり、さらに14年には6.24ユーロセント/kWhと前年比18％上昇、標準世帯あたり約18ユーロ/月（約2520円）もの負担となっている。止まらない賦課金の増大に、12年8月に繊維業界3社が「再生可能エネルギー法による太陽光発電などへの助成は憲法違反である」として訴訟を提起した[9]他、連邦消費者センター連盟は12年8月7日、ドイツ経済紙とのインタビューの中で、増え続ける再生可能エネルギーの導入負担について「我慢の限界を超

9　ENDS Europe
　http://www.endseurope.com/29427/german-textile-firms-challenge-green-energy-law

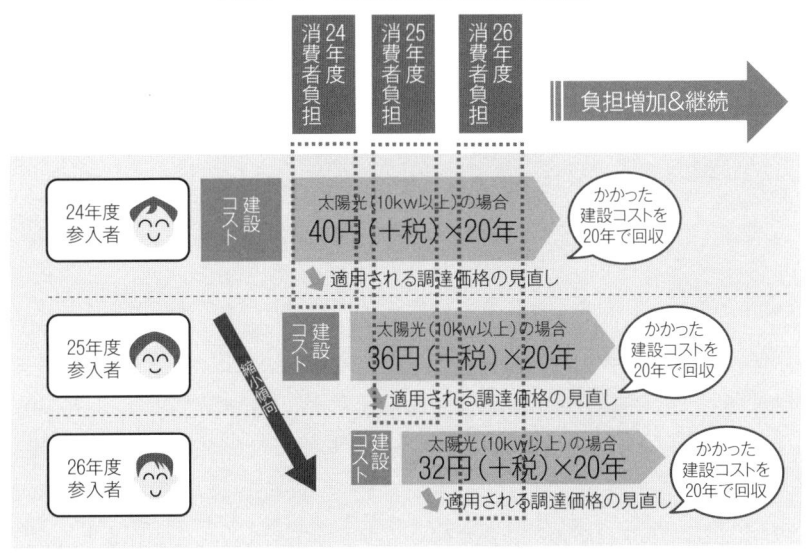

第5章
ドイツのエネルギー政策の理想と現実―自由化・再エネ・脱原発―

図表 5-5　全量固定価格買取制度の構造

(出所) 資源エネルギー庁「再生可能エネルギー固定価格買取制度ガイドブック」に筆者加筆。

えている」とコメントする[10]など産業界・消費者の負担増加が政治問題化しており、13年5月には、国際エネルギー機関（以下、IEA）からドイツの電気料金高騰に警告を発する文書が出された。

　このように国民負担が増大していく構造を説明する。FITは長期・固定の買取りを保証して設備導入費用の回収目処を立てやすくし、コスト高の再生可能エネルギー事業への投資・融資を促進する仕組みである。各電源の技術革新・学習効果（生産経験を蓄積して習熟し、効率的な生産方法が実現されることで生産単価が低減する現象）を反映して、一定期間ごとに買取価格水準を切り下げていく。日本でも制度導入初年度の2012年度、例えば10kW未満の太陽光発電の買取価格は42円/kWhであったが、翌13年度には38円/kWhに引き下げられた。しかし、需要家負担の総額は買取価格と再生可能

10　海外電力調査会　http://www.jepic.or.jp/news/pdf/2012.0820-0807.pdf

エネルギーによる発電量の積であり、制度導入からの年月経過に伴ってこの層が積み重なるため、需要家の負担は増加していく。制度の根本原則が、長期の買取を約束して投資に対する利益を確保することで参入を促すものであることから、負担の大きさに気づき制度の見直しを行っても既設分の負担については変更することはできない。13年5月に出されたIEAの提言も、再生可能エネルギーの導入にあたっては費用対効果を勘案した市場原理を活用することなどを推奨しているが、買取価格を過去に遡って引き下げることは投資家の信頼を損なうことになるので絶対に避けるべきであると釘を刺している。とはいえ、需要家の負担が膨らみすぎたため、スペインやイタリアでは、買取条件の遡及的変更が行われることとなっている。

　また、FITの買取価格を決定する際、原価算定の基礎となる発電設備の価格は市場で決まるが、再生可能エネルギーの買取価格は法律で決まるため、その改定には議会の承認が必要となる。導入量が増えるに従い、また、中国製の安価なパネルの輸入によって、発電設備の価格は急激に低下したものの、議会を通じた人為的価格決定プロセスによる買取価格の低減はそのスピードに追いつかず、特に設備価格の下降が著しい太陽光については事業者利潤が高い水準で確保され続けてしまい、"太陽光バブル"とも言われるブームが長く継続した。

　ドイツは2012年4月にEEGの改正を行って、これまでの全量買取を廃止して10～1000kWの設備は、買取対象電力量を年間発電量の90％に制限すること、2012年4月1日以降新規太陽光発電設備に適用する買取価格を20～29％引き下げること、12年5月からはこれまで半年ごとであった買取価格の見直しを毎月実施すること、累積設備容量が52GWに達した時点で固定価格による買取りを廃止するなどの措置を盛り込んだが、新設分に対しての見直しであるため既設分で膨らんだ国民負担は、約束された買取期間が終わった分から徐々に軽減されていくのを待たねばならない。さらに、ドイツでは03年以降、国際競争力の確保等の観点から電力多消費産業の負担を軽減しており、そのしわ寄せで家庭や中小企業の負担が増大し、その不公平感も問題を

複雑にしている。14年、家庭や中小企業が負担する再生可能エネルギー賦課金は6.24ユーロセント/kWh であるのに対し、超大口需要家の賦課金は 0.05ユーロセント/kWh である。こうした電力多消費産業への免除が「特定産業への補助」にあたる可能性もあるとして、欧州委員会から競争法抵触の懸念も示された。さらに14年2月、政府の諮問委員会が「再生可能エネルギー法（EEG）は電気料金を高騰させ、気候変動対策にもイノベーションにも貢献せず、同法を継続する妥当性はない」と結論づける報告書を出した。

こうした状況を受け、政府は再び EEG の大幅な改正に乗り出した。再生可能エネルギーの導入を促進する姿勢に変わりはないとしつつも、消費者の負担緩和が重要であるとして、再生可能エネルギーによる電力が競争市場で取引されるよう2014年8月から制度が改正された。一定規模以上の新規設備の運営事業者は発電した電力を市場で直接販売することを求められ、従前のような固定価格での買取りはなされない。また、電力多消費産業への減免措置の扱いについては、対象の需要家の該当要件を厳しくする方向でEU委員会と調整が行われたが、国内産業界からの反発もあり、最後まで難航した。結局減免される総額は年間約50億ユーロとこれまでとほぼ変わらない見込みであり、家庭や中小企業への負担解消がどの程度図れるか、この改正の効果を疑問視する声もある。

5-5-4 再エネ大量導入によるコスト：送電線整備の必要

再生可能エネルギーは、導入にかかわる政策支援コストのみならず、大量に導入した場合に別途必要となるコストを考慮する必要がある。

そのひとつが送電線の整備である。電気は基本的に蓄えておけないので、需要と供給のバランスを常に一定に保つ必要がある（同時同量の原則）。需要が多過ぎても供給が多過ぎても、周波数のバランスが崩れ停電に至ることもあるため、振れ幅の大きい間欠性電源はその導入と並行して送電網を整備し、生み出される電力を大きな消費地で吸収することが必要になる。

さらに、第6章で述べる安定供給機能を持つ同期発電機ではない風力発電

や太陽光発電の宿命として、安定供給の中核である周波数調整に風力、太陽光が与える悪影響を除去するための反応速度の速い調整電源（水力やガスタービン）の整備も不可欠となる。

再生可能エネルギーの立地は自然エネルギーのポテンシャルによって判断され、ドイツでは風況の良い北部に風力が、南部に太陽光が多く導入されている。

欧州の送電会社は自エリアの需給バランスを維持することを義務づけられており、ドイツの送電会社4社は相互協力を重ねてドイツ全体では概ね需給バランスを維持している。しかし北部に多く導入された風力発電が、ポーランドやチェコなど送電線の連系した隣国に、安定供給可能な送電容量の上限を超えて流れ込む事態がしばしば起こり、火力発電機の出力を下げるなど緊急対応を強いられている東欧諸国（チェコ、ハンガリー、ポーランド、スロバキア）の送電系統運用者から、2012年3月、ドイツ北部の再生可能エネルギー（風力）の電気が予定外に流れ込むことで自国の電力システムがたびたび危機に瀕していることを指摘する文書が出され[11]、チェコの経済産業大臣からは「ドイツはこの問題に気がついているにもかかわらず、コストが高いために解決する十分な政治的意志がない」とのコメントが発せられる[12]など、隣国を巻き込んだ問題となっている。

ドイツ南部工業地帯への送電線整備が進めば、自国で生み出された電力を自国内で消費する「地産地消」が進むが、送電線の整備の遅れは著しい。景観の悪化による地価下落や送電線の電磁波による健康影響を懸念する地域住民の反対が強いこと、また、州の独立性が強いドイツでは州をまたぐ送電線建設計画の許認可手続きに時間がかかるため、政府は"Power Grid Expansion Act"[13]を制定して、手続きの簡素化を図っているが、2020年まで

11　チェコの送電系統運用者 CSPS のプレスリリース2012年3月26日。
　　http://www.ceps.cz/ENG/Media/Tiskove-zpravy/Pages/Rozdeleni_NEM-RAK_obchodni_zony.aspx
12　ブルームバーグ　2012年10月26日。
　　http://www.bloomberg.com/news/2012-10-25/windmills-overload-east-europe-s-grid-risking-blackout-energy.html

の優先計画ルート23区間1834kmの送電線増強を目標としているが、14年9月時点での進捗率は約2割とされる。

　送電線整備の必要性はドイツのみならず、再生可能エネルギーの導入が拡大した欧州各国で増大しており、特に国土が南北に長く再生可能エネルギー導入量が偏在している英国、イタリアなどで深刻化している。送配電設備の増強には長期のリードタイムと多額の資金を要するため、どの地域でどの程度の再生可能エネルギーを見込むのか、またそのためにどの程度の送電容量の確保を行うべきなのか、その費用を誰がどのように負担するのかという問題についての社会的合意形成が欠かせない。わが国においては、広域的運営推進機関（第1章コラム参照）がそのための合意形成の場としての役割を果たしうるのかということも大きな課題となるだろう。

5-5-5　再エネ大量導入によるコスト：自由化市場の競争電源と優遇措置で守られる再エネとの同居は可能か

　再生可能エネルギーは優先接続・優先給電によって保護されているため、その導入量が増えれば、自由化によって競争市場に置かれた従来電源の稼働率は低下する。不安定な再生可能エネルギーが増えれば、系統の安定性を保つために反応速度の速い水力やガスタービン発電といった調整電源が必要となるし、風力・太陽光が稼働しない時のベース電源として石炭火力も維持する必要があるが、稼働率が低下し収益率も下がるため、これらを保有するインセンティブが働かなくなるのだ。

　再生可能エネルギーの買取義務は、ドイツ国内に4社あるTSO（送電系統運用者）が負っている。TSOは固定価格で引き取った再生可能エネルギーの電気を電力市場（EEXの電力スポット市場）で小売事業者等にすべて卸売することになる。TSOは買い取った電気を余らせるわけにはいかず、また、売却価格が買取価格より安くても、差額はサーチャージとして小売電気

13　筆者訳。正式名称は"Energieleitungsausbaugesetz"

事業者に転嫁できるので、引き取った再生可能エネルギーはすべて市場で売り切ろうとする。そのため、電力卸売市場の取引価格が顕著に低下し、時には負の価格（ネガティブプライス）さえ発生する事態が生じている。

日本で現在行われているように、再生可能エネルギー側に蓄電池の併設を求め、出力の変動を自ら調整するように要件化する方法があるが、蓄電池が高価であるため、蓄電池設置に一部補助金がついてもこの形態での市場参入は一部にとどまっている。第4章で紹介した英国の電力市場改革（EMR）のように容量メカニズムを適用し、再生可能エネルギー発電事業者（あるいはその電気を利用する小売事業者）が、安定供給に必要となる火力発電などバックアップ電源の容量をクレジットとして調達するなどによって、自由化市場の競争電源とその外に置かれ政策補助を受ける電源との混在によって生じる問題の解決が試みられている場合が多い。

ドイツ政府の場合は、2012年末になって、電力不足に備えてTSOが一定量以上の負荷遮断契約（需給逼迫時に緊急的に需要を削減する契約）を締結することを法制化した。さらに13年からは、10MW以上の発電所を保有する発電会社に許可なく設備を廃止することを禁じ、廃止を計画する場合には少なくとも12カ月前に申し出ることを義務づけるとともに、出力50MW以上で系統安定上必要であると認定した発電所については、稼働停止の禁止を命じることができるものとした。この間の火力発電の維持にかかわる費用については、政府が補填することを決定している。実際に、発電事業者E.ONは12年、ドイツ南部の重工業地帯であるバイエルン州に位置するIrschingガス・コンバインドサイクル発電所4号機、5号機について、採算性の悪化を理由に運転停止の方針を打ち出した。運転再開からまだ2～3年、世界最高水準の高効率（60.4%および59.7%）を誇る発電所が市場から退出せねばならなくなるほどに稼働率が低下してしまったのである。地元バイエルン州政府が安定供給確保を理由に継続を強く要請し、同地域を管轄する送電事業者が発電所の運営を一時的に請け負うこととなったが、報道によれば[14] Irsching 5号機（84.6万kW）についてE.ONは年間に1億ユーロ（約140億

円）の支払いを求めているといい（4号機については報道なし）、この交渉が妥結すれば、Irsching 4 号機、5 号機は予備力としての運用、すなわち、常時発電できる体制を維持し、電力系統の安定性に支障が生ずる可能性がある場合のみ発電することとなる。この予備力調達の補償費用は最終的に消費者が負担せざるをえない。

　こうした既存の発電所の維持に対する補助に加えて、ドイツ政府は2013年6月から、新鋭のガスコンバインドサイクル火力発電所などの建設に対して、何らかの助成を行うことも検討されたが、電気料金のさらなる上昇要因となるため、2015年3月時点では議論が進んでいない。従来型電源は競争電源として市場の価格調整機能の下に置く一方で、再生可能エネルギーは優先利用ルールと FIT により優遇・助成する措置を進めれば、自由化した市場もまた保護の対象とせざるをえなくなり、自由化の効果を減殺することは踏まえておかねばならない。

5-5-6 「グリーンジョブ」の実態

　再生可能エネルギーの導入は、新たな事業機会の創出につながり、「環境と経済の両立」を可能にするという期待も高い。5-3-2で紹介した2007年EU 首脳会議が合意した気候変動パッケージは、同時に、再生可能エネルギー目標で41.7万人、省エネ目標で40万人のネット雇用増をもたらすことを目標としていたし、米国オバマ政権第一期に掲げられたグリーン・ニューディール政策も「グリーンエネルギーで500万人の雇用を生む」としていた。実際に再生可能エネルギーはこのような雇用創出効果をもたらすのであろうか。

　結論から言えば、ドイツでは太陽光発電大手企業3社が相次いで破綻し、ついに、一時太陽光パネル生産量世界一を誇ったQセルズ社も2012年4月には倒産して韓国企業に買収された。米国のグリーン・ニューディール政策

14　ロイター　2013年4月18日。
　　http://www.reuters.com/article/2013/04/18/germany-eon-regulator-idUSL 5 N 0 D52F320130418

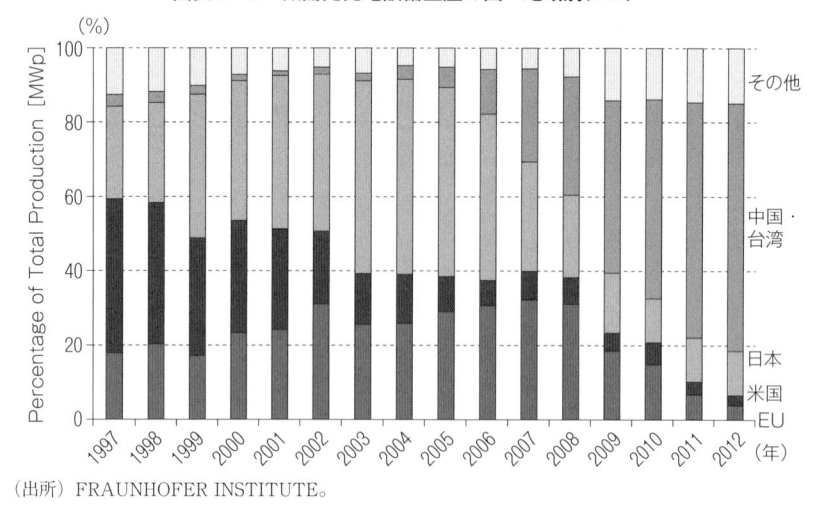

図表5-6 太陽光発電設備生産の国・地域別シェア

(出所) FRAUNHOFER INSTITUTE。

も実際には2万人程度の雇用を生んだにすぎなかったとも報道されているし、2014年12月19日、米国エネルギー情報局（EIA）は、労働省労働統計局（BLS）のデータに基づき、2011年から2014年6月までの間に、発電分野では5800人以上の雇用が失われたと発表した。太陽光など再生可能エネルギー部門での雇用は増加が見られたものの、既存電源からの雇用損失とあわせるとマイナスになるという報告である。こうした期待と実際の相違はなぜ起こるのか。

朝野（2011）はこうした雇用創出推計値には大きくふたつの「トリック」があると指摘する。ひとつは経済影響分析において、再生可能エネルギー普及によるプラスの影響のみを考慮したグロス推計が使われていること、もうひとつは再生可能エネルギー産業の輸出拡大という現状からは乖離した前提を置いていることであるとする。

わが国でも頻繁に紹介されるBMUの試算でも、再生可能エネルギー導入による雇用効果は2004年の約16万人から10年末には約37万人に倍増し、30年までには50万人に達するとされている。しかし同じくBMUが再生可能エネ

ルギーへの補助による他産業への経済的負担を加味して算出したネットの雇用効果は20年で5.6万人である。コストの高い再生可能エネルギーの導入は電気料金の上昇につながるため他産業を圧迫することはこれまでも紹介してきたとおりであるが、再生可能エネルギー事業に対しては所得税や固定資産税の控除や補助金交付など直接的事業支援も行われており、その原資は国民の税金である。ドイツのQセルズ社はその設備投資の3割相当の助成金を受けていたとされ、また、米国のグリーン・ニューディール政策は、再生可能エネルギーメーカーに合計12億8200万ドルの政府保証を行っており、5億3500万ドルの保証を受けていたソリンドラ社、4億ドルの保証を受けていたアバウンド・ソーラー社の相次ぐ破綻により、税金が投入され、国民の批判をあびた。

このように再生可能エネルギーの雇用効果を算出するには、再生可能エネルギー導入に伴う電気代上昇、公的資金による再生可能エネルギー事業補助のための負担が他産業にかかることのマイナス効果も含めて考える必要がある。

太陽光発電は中国、台湾企業の台頭が目覚ましく(図表5-6参照)、2005年には約5割のシェアを誇っていた日本メーカーは2012年には約1割にまで下落、欧州・米国メーカーもシェアを急落させている。先進国に残る再生可能エネルギー関連の雇用は、設備の設置や維持管理という労働集約的なものであり、高付加価値の設備製造業は中国等の新興国に流出してしまっていることがわかる。

5-5-7 「脱原発」の経緯と現状

東京電力福島第一原子力発電所事故を受け、メルケル首相は2011年3月15日に、1980年以前に稼働を開始した7基および火災事故により2007年から停止していた1基の計8基の原子力発電所を3カ月間一時停止させること、いわゆる「原子力モラトリアム(猶予期間)」を発表した。しかしこれは突然の決断ではなく、ドイツにおいては長く脱原子力に向けた議論が行われてき

たのである。

　ドイツではもともと原子力発電には慎重な意見が多く、1970年代から反対運動が活発に行われていたが、86年に旧ソビエト連邦（現ウクライナ）で発生したチェルノブイリ原子力発電所事故が原子力事業に対する反対を決定的なものとした。約1600kmも離れているにもかかわらず、ドイツ南部を中心に多くの農地や森林が汚染されたこと、旧ソビエト連邦政府からはもちろんドイツ政府の情報発信も不十分であり国民に不信感を根づかせてしまったのである。環境保護と脱原発を主要政策として掲げる緑の党が全国政党として結党されたのは80年であるが、そのわずか8年後の98年にはドイツ社会民主党と連立政権を組むほどに急成長を遂げている。その背景には、チェルノブイリ事故によって、脱原発を掲げる緑の党の存在意義が高まったことが作用していると推測される。

　この連立政権は2005年まで継続したが、2000年には連邦政府と原発を運営する電力会社が、原子力発電所の運転期間を基本的に32年間とすることを含めた原子力からの段階的撤退を定めた合意に達し、02年に原子力法が改正され、22年までの原発廃止が法的に定められた。しかし、期限である22年が近づくと、安定供給に支障を来す恐れから22年の脱原発は時期尚早であるとの認識が広がり、10年12月、東京電力福島第一原発事故の3カ月前に脱原発の期限を最長で14年間、35年頃まで延長する旨の改正原子力法が施行されたばかりだったのである。

　原子力モラトリアムの間に原子炉安全委員会および「安全なエネルギー供給のための倫理委員会」で議論が行われた。原子炉安全委員会はストレステストを実施し、ドイツの原子力発電所は航空機の墜落を除けば、比較的高い耐久性があり、停電や洪水に対しては東京電力福島第一原子力発電所より高い安全性が措置されていると報告したが、メルケル首相は倫理委員会の出した結論を採用、同年6月には、脱原発完了時期の延期を撤回して2022年とする原子力法の改正が行われた。現在の脱原発政策は東京電力福島第一原子力発電所事故を契機としたものではあったが、それ以前から続いてきた脱原発

の流れに戻り確定させたものなのである。現地報道等の中には、脱原発の流れに逆行する改正を行ったことで批判を浴びたメルケル首相が日本における原子力発電所事故をきっかけに軌道修正を図ったと指摘するものもある。

　しかし、大手電力会社は、法的根拠のない一時停止指示・再稼働禁止による財産権侵害の賠償として合計150億ユーロ（約２兆1000億円）以上を、さらに核燃料税22億ユーロ（約3080億円）返還を求めていると報じられている。

　2014年夏現在、11年３月15日に停止させた８基の稼働は停止しているが、それ以外の９基については稼働させており、11年は発電電力量の17.6％、13年は15.4％を原子力によって賄っており、22年を期限として段階的に廃止していくこととしている。

5-5-8　ドイツの"Energiewende"の今後

　ドイツが取り組む"Energiewende"は大いなる挑戦であり、国民の多くはこの方針を支持しているとされる。従来の化石燃料、原子力から再生可能エネルギーを主体とした経済に切り替えることで、地球温暖化や大気汚染、核廃棄物などさまざまなリスクを軽減し、再生可能エネルギー事業において先行することで国際的に優位に立つ、というその理念は多くの共感を呼ぶ。しかしその道程は決して平坦ではない。

　2011年６月、脱原発の方針を明らかにしたメルケル首相は同時に、

(1) 供給不安をなくすために2020年までに少なくとも1000万kWの火力発電所を建設（できれば2000万kW）すること

(2) 再生可能エネルギーを2020年までに35％にまで増加させること。ただし、その負担額は3.5ユーロセント/kWh以下に抑えること

(3) 太陽光や風力発電などの変動電力増加に伴う不安防止のため、約800kmの送電網を建設すること

(4) 2020年までに電力消費を10％削減

などさまざまな政策を実施する必要性に言及しており、「あれも嫌、これも嫌と言う甘えは許されない」として国民に覚悟を促している。

しかし1980年代、酸性雨によりドイツ人が誇る森林が大きな被害を受けたこともあって大気汚染問題には敏感であり、特に石炭火力発電所への反発は強い。2012年4月時点でドイツ連邦エネルギー・水道連合会が掲げていた電源計画は設備容量ベースで40％を褐炭および無煙炭による発電で賄うこととしていたが、ほとんどすべてのプロジェクトにおいて強い反対運動が存在し、06年当時計画されていた石炭火力40件のうち21件が頓挫している。
　再生可能エネルギー導入に伴って必要となる送電線建設が進んでいないことは先述のとおりである。
　再生可能エネルギー賦課金は増大し続けている。2013年2月、アルトマイヤー環境大臣が発表した試算では、ドイツのエネルギー転換コストは、再生可能エネルギー賦課金や送電線建設コストなどすべて含めて30年代末までに1兆ユーロ（約140兆円）に達する可能性があるとされており[15]、このコスト負担に耐え続けられるかが疑問視されている。
　Energiewendeは茨の道に入りつつある。ドイツがどうこの難局に対処するのか、ただ政策を真似るのではなく学び、考えることが今の日本には求められている。

参考文献
朝野賢司（2011）『再生可能エネルギー政策論』エネルギーフォーラム。
環境省中央環境審議会地球環境部会（2001）「国内制度小委員会」第9回会合　参考資料4「ドイツ・英国における温室効果ガス排出削減について」。
熊谷徹（2011）「熊谷徹のヨーロッパ通信」日経ビジネスオンライン、2011年7月8日。
㈶電力中央研究所社会経済研究所ディスカッション・ペーパー（2011）「温室効果ガス2020年25％削減目標の経済的影響評価について」。
松井英章（2013）「電力自由化と地域エネルギー事業―ドイツの先行事例に学ぶ―」『JRIレビュー』Vol.9　No.10, pp.20-29。
渡辺富久子（2012）「ドイツの2012年再生可能エネルギー法」『外国の立法』252, pp.86-109。

15　German Energy Blog "Minister Altmaier: EEG Cuts Needed – or Energiewende Costs Will Reach Trillion Euro Mark by 2040"
　　http://www.germanenergyblog.de/?p=12278

第6章

電力新技術とその仕組み

6-1 電力新技術の登場

6-1-1 電力システム改革と並行する電力新技術革新

　電力技術は、人類の歴史から言えば比較的新しい19世紀末に事業用としての産声をあげ、20世紀の前半に発電、送電、配電、利用の各方面で格段のイノベーションを遂げた。特に発電の大型化と高い電圧での送電技術の革新は、電気事業の圧倒的な高効率化を実現し、今日の電力システムの形はこれによって固まった。この「大型発電所と遠距離送電を組み合わせた電力ネットワーク」という姿がそのまま拡大したのが20世紀後半の電気事業の進歩であったと言える。この間、利用側の機器革新やネットワークの信頼性向上、さらには原子力発電とコンバインドサイクルガスタービンという発電自体の新技術が見られた以外、電力システムの基本的な姿はここ100年近くほとんど変わっていない。

　2000年代は、そうした傾向に対していくつかの「新しい電力技術」というべき動きが出てきた時代であった。ひとつめは化石燃料やウランのようなエネルギー資源を利用した交流同期発電機という、電気事業の基幹をなす発電技術とは違う、自然のエネルギーを使う発電技術の登場であり、風力や太陽光といったこれらの技術は、CO_2排出削減という世界的なエネルギーに対するニーズの中で、「再生可能エネルギー」と呼ばれるようになった。ふた

つめは機器革新であり、過去何度かイノベーションが期待されてきた蓄電池やその応用としての電気自動車・ハイブリッド電気自動車があげられる。そして3つめは新技術というより新しいコンセプトという色合いが強いが、電気の見える化の技術と需要サイドを使った需給貢献やエネルギー・非エネルギーサービスへの展開である。まず電気事業用には遠隔検針・短時間でのデータ送付が可能なシステムが、電気事業用以外でも各家庭のエネルギーの見える化システム等が登場し、前者は「スマートメーター」と呼ばれるようになった。また、見える化技術や制御技術を使って利用側のピーク抑制を供給力として使おうとする「デマンド・レスポンス」や、電力利用データを集積して新たなサービス、ビジネスに結びつけようとする「電力ビッグデータ」といった動きも見られている。これら3つの技術は、これまでの電力供給システムとは違う、ITとエネルギーが融合した技術、というニュアンスを込めて「スマート系技術」と呼ばれることが多く、これらの技術を取り込んだネットワークや面的なエネルギー供給単位をスマート・グリッド、スマート・コミュニティなどと呼ぶ場合もある。

6-1-2　わが国での注目は震災が契機

　これらの電力新技術がわが国で特に注目されたのは、2011年3月の東日本大震災以降のことである。日本の基幹エネルギーである原子力発電への国民の懐疑の下、以前以上に太陽光・風力・地熱といった再生可能エネルギーに大きな期待が寄せられるようになったし、首都圏での計画停電や全国的な原子力の不稼働によっての節電、ピーク抑制の動きに合わせて、非常時にエネルギー自立が可能な蓄電池システム、あるいは太陽光発電と蓄電池の組み合わせによる持続的エネルギー自立の仕組みに機器メーカー、ハウスメーカー等が取り組みを進めることとなった。さらに、節電の定着とともに、電気の使用量の時間帯別の素早い把握が重要なファクターであると考えられるようになり、遠隔方式で使用実績を以前より短い時間単位で（1カ月→1時間もしくは30分）把握できる電力計器、いわゆるスマートメーターの導入が重要

だと考えられるようになった。震災以前からスマートメーターへの切り替えを進めていた電力会社もあったが、その主な目的は設備の効率的な形成や自動化によるコスト削減であり、省エネルギーの推進は副次的なものであったことを考えると、大きな考え方の転換だと見ることができる。

そして、それらの技術は、再生可能エネルギーのより多くの導入、需要サイドも合わせた電力需給安定への取り組みといった政策の中に融合され、それらの技術導入自体が電力システム改革の中に政策手段としてその推進が取り込まれることとなった。

しかしながら一方、これらの技術は、これまで長い時間をかけて蓄積されてきた交流同期発電機や送配電ネットワーク、電気利用の仕組みに比べると、技術としての確実性、費用対効果、電力システムに取り込む上での信頼性について不確実性を持っている。以下では、これら電力新技術の持つ可能性と一方に潜む不確実性について考え、その上で電力システム改革への取り込みのあり方について考えていきたい。

6-2 再生可能エネルギー

6-2-1 再生可能エネルギー技術と政策支援

わが国の再生可能エネルギー導入への取り組みは、もともと1973年の第一次石油ショックを受けて再生可能エネルギーの長期計画が初めて作られた1974年のサンシャイン計画を出発点としている。その後1993年にはガスタービンの改良など省エネルギー技術全体を扱っていたムーンライト計画と統合され、ニューサンシャイン計画となった。しかしながらこれらの取り組みの中心は石炭液化や水素技術、さらには太陽熱利用であり、この時点で太陽光発電は主力の存在ではなく、風力は取り上げられてもいなかった。

太陽光発電や風力発電が注目を浴びるようになったのは、2000年代に入っ

てからの製造技術のイノベーションによってである。太陽光は長年コスト上のネックだったパネルの価格が大幅に下がり、直流／交流転換機能と制御機能を持つパワーコンディショナが家庭におけるまで小型化した。また風力は偏西風に恵まれ、台風や冬季雷といった風力の障害要素のない米国太平洋岸や欧州で効率の高い新型機器が開発され、量産効果で価格も低下した。この結果低下した発電コストを背景に、欧州や米国の一部では再生可能エネルギーの導入促進を図る政策が2000年前後からとられてきた。ドイツやスペインでは世界に先駆けて風力発電や太陽光発電を小売電気事業者が固定価格で買い取る固定価格買い取り制度（FIT：フィード・イン・タリフ）が導入され、国・地域によっては小売事業者の小売規模に応じて再生可能エネルギーの引き取りを義務づけるRPS（リニューアル・ポートフォリオ・スタンダーズ）制度が導入された。

　一方わが国では、再生可能エネルギーの導入のための制度として2003年からRPS制度が導入されたが、2012年からは政治の後押しもありFITに変更された。これは、RPS制度では導入量が大きく増えないという考え方と当時の民主党政権の政治的志向によるものであったが、現在、欧州諸国ではすでに固定価格の既設置分を含む引き下げ、制度撤廃の動きが出てきているのが実情である。

6-2-2　再生可能エネルギーと安定供給

　再生可能エネルギーは発電時に化石燃料を消費せずCO_2を発生しないなど多くの利点を有しているが、電力システム内の発電設備として見た場合、在来型の電源とは以下のふたつの意味で大きく異なっている。

(1)　太陽光および風力発電は、その発電出力が日射量や風況によって時々刻々と大きく変化する自然変動電源である（図表6-1）。もちろん在来電源と異なり、系統運用者からの給電指令に従って自由に出力を増減させることができない。これをdispatchable（給電可能）でないと言っているが、経済学的に言えばコール・オプション価値を有さない電源とも

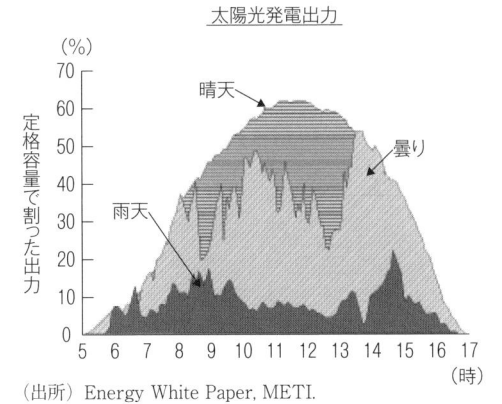

図表6-1　再生可能エネルギーの出力変動

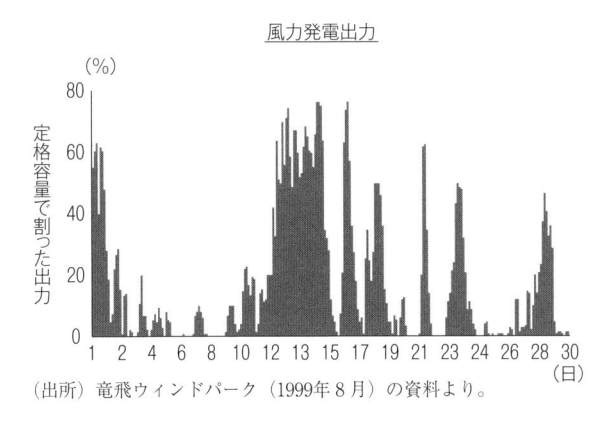

太陽光発電出力

（出所）Energy White Paper, METI.

風力発電出力

（出所）竜飛ウィンドパーク（1999年8月）の資料より。

言える。

(2) 在来電源のほとんどでは交流同期発電機を利用して商用周波数の電気を直接発生しているため、電力システムと自ら同期しながら発電している（技術的には同期化力を有するという）が、太陽光発電・風力発電は、直流で発生した電気を交流に換えてから連系したり、同じ交流でも周波数を変換してから連系しており、同期化された交流系統があってはじめて成り立つ。

このような再生可能エネルギーの性質から、安定供給を維持しつつ再生可

能エネルギーを大規模に電力システムに統合するためには、特段の工夫や対策を必要とする。これを再生可能エネルギーの系統連系問題（"Grid Integration Issue"）という[1]。

すでに第5章で取り上げたドイツをはじめ、欧米の一部の国・地域では再生可能エネルギー導入を進める上で以下のようないくつかの課題が顕在化している。

1．送配電ネットワークの送電容量と電圧管理

どんな発電設備であっても需要地までの電力を送るための送配電設備が必要であることは同じであるが、太陽光や風力、地熱などの再生可能エネルギーは、需要密度が低いエリアに立地されることが多く、電力システムに接続するためには送配電設備の送電容量を確保することが必要になる。

また、再生可能エネルギーの出力の変動によって、ネットワーク内の電圧が変動することになるため、必要に応じて電圧調整装置を導入するなどの対策がとられる。

2．需給バランスへの影響

電気は発生と同時に消費されるため、ひとつの電力システム内においては、需要と供給が常に一致していることが求められる。需給ギャップが大きくなると、交流システムの周波数がずれ、需要家の機器に悪影響を与えたり、供給側の発電機の運転に支障が生じることで停電が発生する。

太陽光・風力などの再生可能エネルギーは出力が自然に変動するため、その変動分を在来型の電源（主に火力発電所や揚水発電所）が調整する必要がある（図表6-2）。図表6-2からわかるとおり、天候に依存した出力変化に備え、既設電源（代表的には火力）をバックアップとして待機させ、出力変動に応じて火力発電側の出力を調整させることで対応している。再生可能

1　在来電源も計画外停止するので変動電源ではないかとの主張があるが、火力発電の計画外停止率は数％〜5％程度であり、自然変動電源の変動率（最大100％変動）と比べて十分に小さい。

第6章
電力新技術とその仕組み

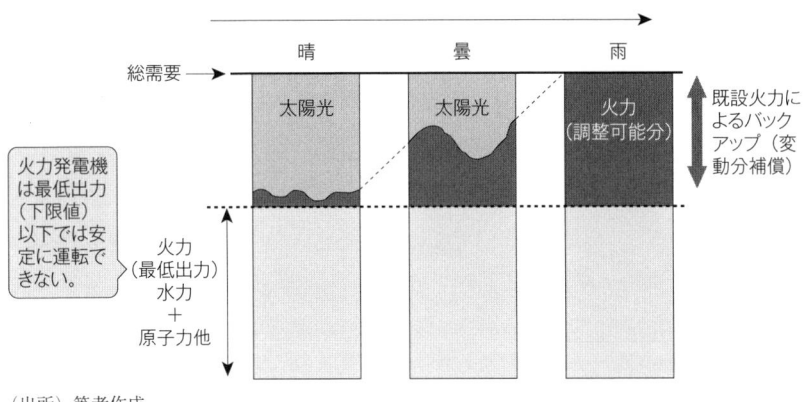

図表 6-2　在来電源による再生可能エネルギーの出力変動のバックアップ

[図: 晴・曇・雨の3条件における総需要に対する太陽光・火力（調整可能分）による供給構成を示す棒グラフ。既設火力によるバックアップ（変動分補償）、火力（最低出力）＋水力＋原子力他のベース電源を示す。火力発電機は最低出力（下限値）以下では安定に運転できない。]

(出所) 筆者作成。

エネルギーの導入量が多くなると既設電源の調整力を超過する可能性がある。この問題は主に以下のふたつに分けて考えられている。

(1) 供給余剰

需給バランスを維持するための出力調整を可能にするにはシステム内に一定台数の火力発電が必要であるが、火力発電には最低運転出力の制約がある。このため、再生可能エネルギーの量を増加させると、電力システム内の需要が少ない時期に火力発電の最低運転出力や原子力発電などのベース電源と再生可能エネルギーの出力を加えた供給力の合計が需要を上回ってしまうことが考えられる。

(2) 調整力不足

再生可能エネルギーの変動速度や変動幅が、既設電源の調整能力を上回る。例えば通常、周波数を一定に管理するために、火力発電では自動周波数制御（LFC）が行われているが、再生可能エネルギーの導入拡大でその出力変動が大きくなることで電力システム内のLFC能力を超過し、周波数変動が大きくなるおそれがある。

これら需給バランス上の課題への対策としては、電力システムのフレキシビリティ（需給調整能力）を増加させることが必要である。フレキシビリ

図表 6-3　電力市場の価格形成への再生可能エネルギーの影響

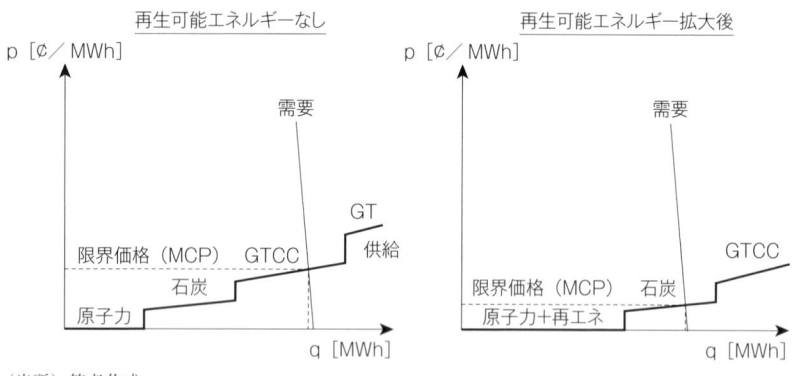

(出所) 筆者作成。

ティ拡大策として、具体的には以下のような方策が考えられる。

　① 在来電源の調整能力を拡大する

　火力発電の最低出力を小さくしたり、LFC 調整力を拡大する。また起動停止時間を短縮するなどが考えられる火力発電設備の設計(現在は効率向上を最重視して設計)を見直す必要があるが、多くの場合、熱効率が低下するという課題がある。

　② 揚水発電や蓄電池などの電力貯蔵設備の調整能力を利用する

　揚水発電や蓄電池を活用して、電力余剰分を蓄えたり、出力変動を補う。なお、揚水発電を現在以上に増強する場合、有力な開発地点の多くが開発済みであり、長期のリードタイムを必要とする。また、蓄電池技術については後述するが、コストと寿命などに課題がある。

　③ 需要を調整する

　朝の需要の急増時に再生可能エネルギーの出力が急激に減少する場合、既存電源による出力増加が追いつかない可能性がある。このような場合、急速に需要を抑制することができれば、需給バランスを維持することができる。つまり需要側も調整可能とすることで電力システムのフレキシビリティを拡大する。また、再生可能エネルギーの出力が余剰となる軽需要時

間帯に需要をシフトすることで、余剰を吸収することが考えられる。系統運用者からの指令をもとに自動的に需要を調整できるメカニズムの整備（自動デマンド・レスポンス）や、どの程度のポテンシャルがあるかを見極める必要がある。

④　再生可能エネルギーの出力を調整する

再生可能エネルギーの出力余剰が生じる場合、系統運用者からの指令をもとに出力を抑制できれば、安価に供給過剰を解消できる。再生可能エネルギーの出力の急変（ランプとも呼ばれる）などが予想される場合、あらかじめ再生可能エネルギーの出力を絞ることで、電力システムが有する調整力の範囲内に、出力変動を抑えることが可能である。また、周波数上昇時には再生可能エネルギー発電の出力を絞るなどの機能を具備すれば、周波数の安定化に寄与可能である。このような再生可能エネルギーの制御のために、系統運用者との通信回線を整備することや、出力抑制機会をできるだけ必要最小限にするために、再生可能エネルギーの出力予測を向上させることなどが課題となる。

再生可能エネルギーはその適地が偏在する場合が多く、例えば日本でも風力発電の適地が北部に集中している。そのような場合、北海道・東北それぞ

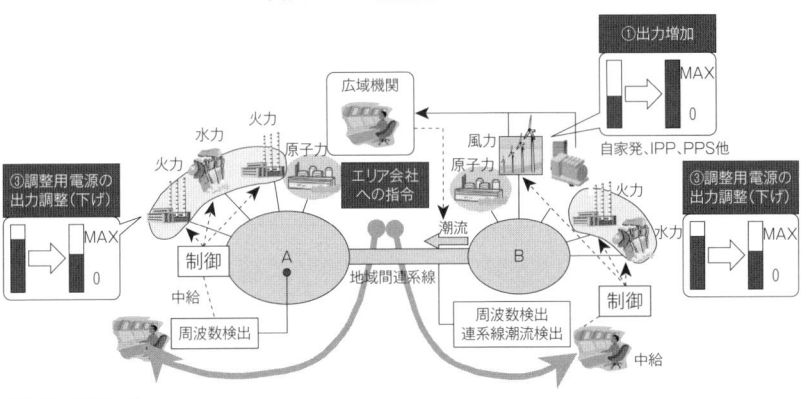

図表6-4　需給調整の広域化

（出所）筆者作成。

れの電力システムが保有する調整力だけでなく、関東エリアの火力発電や揚水発電の調整力も、需給調整に活用することができるようになる（図表6-4）。加えて、大数の法則により地域的に分散する再生可能エネルギーの出力合計の変動率は、ある地域内における出力変動率よりも小さくなるため（平滑化効果ともいう）、これらを纏めて広域的に需給調整する方が電力システム内に確保すべき調整力の量を小さくすることができる。

ただし広域的な需給調整を大規模に行うほど、地域間をまたぐ送電容量を増強することが必要になる。例えば北海道・東北・東京電力の3電力会社が協調して風力発電の導入量を増加させる実証事業が行われる予定であるが、この仕組みによって風況のよい北海道に立地される風力発電をさらに増やそうとするならば、北海道・本州間や東北・関東間の送電容量を増強する必要がある。多くの場合、地域間の連系設備の増強には多額の投資と長期のリードタイムを要するという課題がある。

6-3 需要サイドの技術革新
―見える化技術とデマンド・レスポンス―

6-3-1 スマートメーター、見える化、ビッグデータ

スマートメータリングは、もともと検針困難箇所への通信を使った遠隔データ収集という形で1980年代から米国等で行われていた技術をもとにしている。米国では通信技術の革新が目覚ましい一方、電力ネットワークが脆弱で、電力安定供給や送配電事故への対応のために需給情報の活用が求められていたため、短い時間単位の計量結果を通信でやりとりするタイプのメーターの普及や、それらに付随したネットワークへの情報技術の導入が進められた。

一方、歴史的に月1回の検針という制度を持たない国の多かった欧州では、欧州電力市場の統合という新しいルールの確立とともに、「使った量を明確

第6章
電力新技術とその仕組み

に計り、それに従って課金する」というそれまで欧州にはなかった業務が必要となり、検針人を用意するよりも遠隔自動メーターの普及の方が理にかなっているため、各国でスマートメーターへのシフトが進んだ。その際には、欧州各国で以前から行われていた時間帯別料金等の多様化効果も持つこととなった。

一方わが国におけるスマートメーターの導入は、もともと関西電力で先行的に始められていたが、それは設備形成の効率化や検針・料金請求業務の効率化が目的であった。それが、2011年の東日本大震災以降、スマートメータリングによって電気の見える化を行うことがピーク抑制や節電、電力需給の改善に貢献するという考え方が広がり、すべての電力会社がそれに対応してスマートメーターへの取替えを進めることとなった。

しかしスマートメーターそのものは通信機能付きの計量器（センサー）にすぎず、需給調整の機能を有しているわけではないため、スマートメータリングをどのようにエネルギーマネジメントの枠組みに取り込むのかを考えなければならない。現在、エネルギーマネジメントを行う際のスマートメー

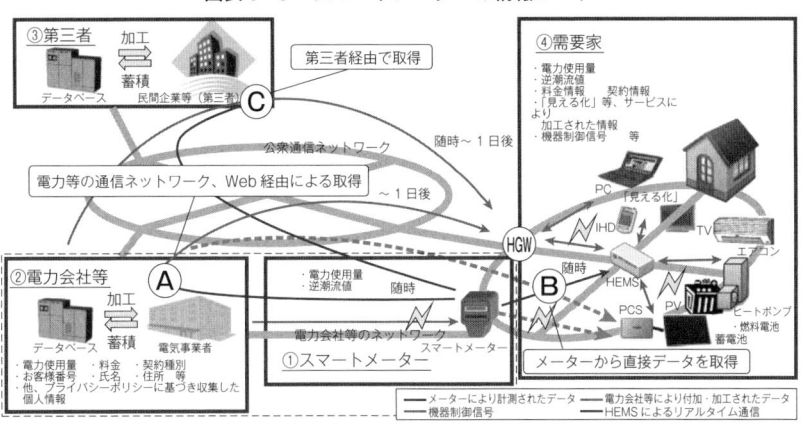

図表6-5　スマートメーターの情報ルート

（注）東京電力の場合、Cルートはメータから直接ではなく、実際にはAルートの電力サーバを経由した接続となる見通し。
（出所）資源エネルギー庁スマートメーター制度検討会。

ターからの情報の流れとして、Aルート、Bルート、Cルートという3つの経路が想定されている（図表6-5）。このうちAルートはいわゆる遠隔自動検針を行う上での基本ルートであり、これがあれば1時間もしくは30分単位など細かい粒度での電力使用量を正確に計量した上で、その計量情報を電力会社のサーバーにビッグデータとして集約・提供することで電力の取引に利用可能である。例えば後述するようなデマンド・レスポンスの役割を持つ多様な電力料金メニューの設計が可能になり、また小売市場の全面自由化の際にもその計量値によって電力取引を行うことができる。証券市場との類似性で言えば、アグリゲーターなどを通じて、電力市場で個人が電気を売買することも理論的には可能となる。

　需要家側でエネルギーマネジメントを行う際には、現在の電力使用量を「見える化」して把握できるようにした上で、時間ごとに変動する電気料金（ダイナミック・プライス）が高い時間帯には電力使用量を抑制するなどの方法が考えられる。そのためにできるだけリアルタイムに近い電力使用量を需要家に通知する目的で、スマートメーターから需要家に情報を直接提供するBルートも将来的には実装される予定である。しかし、「見える化」だけでどの程度の需要家の電力の消費行動を変えることができるかについては大きな不確実性が残されている。見える化にとどまらず、電力価格などに合わせて自動的に需要家機器の運転状態を制御する機器（HEMS：ホームエネルギーマネジメントシステム）などの自動化技術（enabling technology）も組み合わせることで、より効果的で確実性の高いエネルギーマネジメントが可能になると考えられるため、Bルートによるスマートメーターから HEMS への情報提供方法の標準化が進められている。

　これらスマートメータリングと連携したエネルギーマネジメントは、需要側のエネルギー利用効率を高めるだけでなく、需要サイドの行動の結果も取り込んで、需給全体としてより効率的なエネルギー供給・利用に資するものである。

　一方、需要家情報の取り扱いに関してセキュリティへの配慮が不可欠であ

る。特にスマートメーターリングによって得られる粒度の細かいエネルギー利用情報は、特定の住居の在・不在状態をはじめ、家族構成などの情報を類推する手がかりともなるため、プライバシーの保護が適切に行われる必要がある。米国ではプライバシーへの懸念から、スマートメーターの取り付けを拒否（オプト・アウト）しようとする需要家の動きもある。また、スマートメーターは電力会社の情報システムにもつながるため、スマートメーターを起点とする悪意の第三者からのハッキングにより、公共的な送配電網の監視・制御システムまで脅威にさらされるといういわゆるサイバーセキュリティの確保への考慮が不可欠である。

6-3-2 供給力としてのデマンド・レスポンス

デマンド・レスポンスも、東日本大震災以降の日本の電力システムを語る中でよく使われるようになった言葉である。米国エネルギー規制委員会（FERC）によれば、デマンド・レスポンスの定義範囲は広く、大きく時間帯別料金制度やピーク時間帯への高い料金設定（critical peak pricing）、多時間帯料金やピーク抑制へのボーナス（peak time rebate）のような料金誘導型デマンド・レスポンスと、契約に基づいて通告時に指定された量の電力を削減（curtailment）する負荷抑制型デマンド・レスポンスに分けられる。

米国では近年に至っても電力需要の増加が著しく、しかも電力系統が脆弱で、系統混雑地域を中心に夏季に著しい電力価格高騰が見られ、需給危機も起こりやすいことから、そうした地域を中心に主として負荷抑制型デマンド・レスポンスの導入に力を入れている。米国の3つのISO（PJM、ニューヨーク、ニューイングランド）が持つ容量市場には発電機と並んでデマンド・レスポンスが入札資格を持ち、落札したものには発電機と同じ容量支払がなされる。需給逼迫が深刻なテキサスやカリフォルニアでは、系統運用者が相対契約によって大量のデマンド・レスポンスが導入されている。それらの地域では、顧客である工場やビルのデマンド・レスポンスを集約し、入札して実際の負荷抑制時の設備コントロールを請け負うCSP（curtailment service provider）が活躍しており、EnerNOC、Comverge といった企業が代表格である。

　またデマンド・レスポンスの採用は欧州、アジア、南アフリカなど世界各国に広がりつつあり、容量市場の計画がある英国、需給逼迫傾向によるフランス・ベルギーでも有力な電力需給安定策となっている。

　一方わが国では、小売市場が自由化される以前から、需要の伸びとピークの尖頭化への対応として、負荷平準化への取り組みが行われ、ダイナミック・プライスの一形態として、季節別・時間帯別に料金を設定する季時別（TOU：time of use）料金や、需要の調整による供給設備の効率的な利用によって生じた供給原価の削減分を、調整の度合いに応じて電気料金の軽減という形で需要家に還元するいわゆる需給調整契約が電力会社の選択約款として用意されてきた。

　需給調整契約の中でも、随時調整契約は需給逼迫時などにおいて電力会社からの通告により需要家の負荷を抑制する契約であり、いわゆるデマンド・レスポンスとして捉えることができる。従来の需給調整契約は、供給側が適正な供給余力（供給予備力）を維持していても、なお発生しうる希頻度かつ大規模な需給変動に対応するために用意されていたものであったが、震災以降は一部の電力会社において BEMS（ビル・エネルギー・マネジメント・システム）等をお客さまの設備に導入したアグリゲーター（CSP のわが国での呼び方）と削減する電力を契約する新しいタイプの需給調整の仕組みも導入されている。

　系統運用者が電力システム内の需給バランスを保つ上で、供給側の発電設備容量を確保することと需給逼迫時にデマンド・レスポンスで調整可能な需要を確保することは機能的には等価と考えうるため、例えば第 4 章で論じた容量メカニズムの中ではデマンド・レスポンスも制度設計の中に織り込んで扱われることになると考えられる。換言すれば、従来は発電設備のみが担ってきた供給力やアンシラリー・サービスを需要側からも提供できるようになり、CSP をはじめとする新規参入や新技術によるイノベーションが促され

る可能性に期待が持たれているわけである。

　一方、デマンド・レスポンスを発電設備による供給力と等価に扱う上では、解決すべき課題も残されている。例えば、系統運用者がCSPに需要抑制の指令を出す際に、実際にどの程度の需要が抑制できるかという実効性の問題（系統運用者は個別需要家の機器の使用状況を把握していないので、実際にどの程度の削減可能量があるか事前に精度良く確認することはできない）がある。加えて、そもそも需要抑制量を計測するためには、需要抑制が指令されなかった場合の需要（ベースライン）を想定しなければならないが、その設定方法次第では実効性に問題が生じたり、ベースライン設定によるゲーミング（例えば直前の需要を意図的に増やしておいて、需要削減量を実際の効果よりも大きく見せるなど）が生じうることも制度設計上の留意点となる。

　政府は、デマンド・レスポンスを電源と等価と扱いうるための課題や費用対効果を見極めるために「次世代エネルギー社会システム実証事業」の中で平成25年度から平成26年度にかけて「インセンティブ型デマンド・レスポンス実証」を実施している。

　また将来的にデマンド・レスポンスは容量市場やアンシラリー・サービス市場で火力発電などの在来電源と競争することになると考えられるが、その価格水準は将来時点の需給に大きく左右されると考えられる。需要が伸びて新設電源の建設が求められる場合において、デマンド・レスポンスによってこれを回避可能となる場合は、その価値の上限はガスタービンなどピーク電源の固定費相当分であると考えられる。一方、需要増加が一定に鈍化した後では、デマンド・レスポンスが代替するのは、経年した火力発電の維持であるため、経年火力の維持費相当が価値の上限となるだろう。

6-4　蓄電池・電気自動車

　現在、日本のCO_2排出量の2割が運輸部門に由来するものであり、その

9割が自動車からの排出であるため、より効率の高い次世代自動車の普及が期待されている。その中でも特に動向が注目されるのは、再び脚光を浴びるようになった電気自動車（EV）とプラグインハイブリッド自動車（PHV）である。

世界で最初のEVは、電気事業が始まる前の米国で1834年に走行したと言われており、最も古くからある自動車の方式のひとつであった。しかし蓄電池の重量、充電あたりの走行距離の短さなどがネックになり、内燃機関を搭載したガソリン自動車の性能向上とともに市場からの退出を余儀なくされてきた。最近のリチウムイオン電池など二次電池の性能（コストとエネルギー密度）が飛躍的に向上したことやモーター駆動技術の進歩に伴い、次世代自動車の有力候補のひとつとして復活しつつある。

市場ですでにエコカーとして人気を集めるハイブリッド自動車（HV）は、内燃機関自動車にモーター・発電機と蓄電池を付加したものであり、減速時のエネルギーで発電してこれを蓄電しておくことで、今度はそのエネルギーでモーターを駆動する仕組みで走行している。搭載する蓄電池容量を増やした上で、電力システムから直接充電できるようにしたものがプラグインハイブリッド自動車（PHV）である。PHVは蓄電池の残量があるうちはEVとして走行し、残量が減ればHVとして走行するためEVの課題となる走行距離の問題がないというメリットがある。EVやPHVはエネルギー効率が高く省エネルギーであるという利点に加え、蓄電池に蓄えた電力を自宅での自家消費に使ったり（Ｖ２Ｈ：ビークル・ツー・ホーム）や電力システムで利用する（Ｖ２Ｇ：ビークル・ツー・グリッド）というエネルギー・マネジメントシステムと連動した応用の可能性も有している。

またEV用の比較的容量の大きな蓄電池の技術開発が進むに従って、家庭やビルなどで使われる定置式の大容量蓄電池も注目を集めている。

EVや需要側に置かれる定置式蓄電池により、需要側にもエネルギーマネジメントに活用できる機器が増えるため、これらを積極的に活用することで、単なる電気の消費者からプロシューマー（住宅用太陽光などの発電設備、エ

ネルギー貯蔵設備と HEMS を組み合わせ、自らの意志でエネルギーを使ったり、デマンド・レスポンスの原資として活用することによりネガワットを創出して売電するなどを積極的に行うユーザー）への転換が進むと見られる。一方、これらの機器は未だ高価であるため、その導入量は現状では一定範囲に限られている。また、需要家側で得られるメリットは、エネルギーコスト削減（そのためには蓄電池自体が低価格である必要がある）と、非常時に安心して電気を使えるということに尽きるため、今後、低価格化がどこまで進むかが普及の鍵を握っている。

6-5 電力新技術の展望と可能性
―スマート技術の展望と可能性―

　以上、いわゆる「スマート技術」と言われる電力新技術を展望してきた。これらのスマート技術は需要サイドのエネルギー効率利用を促すだけではなく、エネルギー・マネジメント・システムや電力市場に組み込まれることで需給一体での電力システムの最適化を実現していくことが期待される。加えて IT 分野など異業種のプレイヤーの電力市場への参入を促すことで、電力システムそのもののイノベーションにつながっていく可能性をも有している。

　ただし現状においては、規模の経済性を活かして発展してきた在来型の発電システムや電力貯蔵システムと比べれば、その多くは競争力を有するまでコストが低下していない。このため、これら「スマート技術」の多くが、補助金・付加金その他の仕組みによる政策的助成を受けることで事業が成り立っており、市場において自立できるまでに至っていない。このため、当面は政策的な優遇措置によって導入促進を図りつつ、将来に向けては電力市場の中で自立させることで、電力システムそのものを革新していくことが目指されるようになるだろう。

　しかし、市場で自立しうる価格水準は、前述したとおり、太陽光や風力などの再生可能エネルギーであれば再生可能エネルギーの発電によって回避さ

れる化石燃料費にCO_2排出クレジットを加味した程度であり、蓄電池についても揚水発電の価格水準とは大きな隔たりがあるなど、そのレベルへの到達には相当な長期間を要することが考えられる。

　加えて、電力市場への組み込みにあたっては、再生可能エネルギーに代表されるスマート技術を取り込む際の外部不経済をどのような手段で内部化していくのかという制度設計の議論も欠かすことができない。スマート技術が社会全体に与える価値や外部不経済を適切に評価しながら、スマート技術が電力市場の中で持続的に発展していける枠組み作りに努める必要があるだろう。

第7章

原子力発電とシステム改革

7-1 わが国原子力発電の歩みと福島第一原子力発電所事故

7-1-1 わが国原子力発電の歩み

　戦後のわが国にとって、原子力発電はエネルギー基盤上の弱点（エネルギー資源の少なさから自給率が低く、経済発展の足かせとなるリスクがあること）を補う、国の存立、国民生活に不可欠な電源であったし、その点については政治・行政・産業界の共通認識と、その推進に関する一種の熱気があった。なかでも1973年および79年の二度にわたり、日本を襲った石油危機は、輸入石油に依存した経済の脆弱性と地政学上のリスクを顕らかにすることとなり、石油代替エネルギーの開発とその利用促進とを政策の第一プライオリティに押し上げ、原子力電源の開発を加速させた。さらに、発電で生じたプルトニウムを使用済み燃料から抽出し、国内で再利用することで、ウランの利用効率を高めることが可能となることから、準国産エネルギーとして期待される、いわゆる「原子燃料サイクル政策」路線も強力に推進された。

　第一次石油危機直後の1974年に、目的税である電源開発促進税を財源とする電源開発特別会計が創設され、その後、このスキームの中で原子力立地に大きな貢献をしたさまざまな電源立地交付金制度が生まれていく。こうした立地促進策の下、70年代から80年代にかけて軽水炉の新設ラッシュが起こり、発電電力量構成比も3割に届くレベルにまで上昇した。加えて2000年代に

入って CO_2 排出削減が国際的課題と認識され、原子力発電はその達成のための数少ない有力な手段であったことから、さらにその重要性が強調されるようになった。

7-1-2 東日本大震災が残したもの

　原子力発電にとって順風満帆の状況の中、2011年3月に東京電力福島第一原子力発電所事故（以下、福島第一原発事故）が発生したのである。それ以降、わが国の原子力をめぐる情勢は大きく3つの点で変化した。
(1) 事故直後から反原発の世論が盛り上がり、さらにはエネルギー政策として脱原発・再生可能エネルギーによる代替を主張する有識者や政治家が激増し、国のエネルギー政策がそうした言論の影響を強く受けるようになったこと。2012年に政権が自由民主党・公明党の連立政権に戻っても、その傾向は13年時点で未だ残っている。
(2) (1)に関連して、原子力発電という事業の持続性に関する不確実性への認知が事業継続の鍵を握る金融プレーヤーをはじめ、原子力発電を行っている電気事業者自身にまで広がっていること。
(3) 第6章で述べた再生可能エネルギーやスマート技術の持つポテンシャルや、需給安定上、あるいは経済性に関する実力について、メディア等から間違った情報が流れたことにより、原子力なしで日本のエネルギー基盤を構築することのリスクが低めに誤認されていること。

　これらの3つの要因は、絡み合って原子力発電の推進を難しくさせており、福島第一原発の事故後の汚染水処理問題の深刻化、帰宅困難避難者の問題等もそれに拍車をかけている。一方で、化石燃料に恵まれず、再生可能エネルギーのポテンシャルも欧州・米国の適地と比べて極めて乏しいわが国の資源環境や、工業立国という国の成り立ち、今後の日本にとって持続的な経済発展のためには安定したエネルギー価格が必要不可欠であることから見て、原子力発電の推進が国家として重要な選択肢のひとつであることも否定できず、この点については今後の十分な検討と熟議の下での国民的選択が求められて

いる。

7-2 電力自由化と原子力発電の関係

7-2-1 原子力発電の特性

　一方で、そうした状況に並行して論じられている電力システム改革は、原子力発電にさらに困難な課題を突きつけるものである。

　本来、原子力発電は電気事業で行われる投資の中で最も巨額の初期投資と長期にわたる資本の回収を行う技術である一方、順調に進めば長期にわたって低廉な電気を供給できる（競争上優位な）電源である。したがってその建設・運転には最初の資金調達、運転期間中の不確実性（運転できなくなる）の除去が必要であり、その時間特性は通常の市場の中のビジネスで使われる金融の仕組みと合わない面がある。これは、回収に40年や50年かかるプロジェクト・ファイナンスが通常組まれないことをみるとよくわかる。

　この点を理論的に整理してみよう。電力は貯蔵が不可能という性格上、需要が発生した時に瞬時に供給することが要求されている。これは設備としてみると随時に操業をスタートし、必要がなくなると休止するというオン・オフの切り換えがスムーズでなければならないことを意味している。発電設備を電源という観点から見るとガス火力や石油火力はこの条件を満たしやすいものであるのに対し、原子力はオン・オフの切り換えが最も難しいものである。原子力はウランを核分裂させ熱を得て発電するが、原子炉内での核分裂の連鎖反応が一定の割合で継続している状態（臨界状態）を維持し続けなければならない。つまりオンの状態にするのに厳しい技術条件があり、それ故にオフにすると次の臨界状態にするまで大きなコストがかかる。したがって原子力はいったん発電を始めると点検が必要となる時期まで運転し続けなければ経済性を発揮できない。言い換えれば、原子力発電所の操業度は他の電

源よりも一貫して高いことが要請される。

　2011年の福島第一原発の事故以来原子力の安全性が厳しく問われることになり、原子力発電所が停止されている。これにより原子力発電所の操業度が著しく下がるので、原子力発電の発電コストは急上昇することを意味する。原子力発電所は操業度が米国のように高い時は発電コストはkWhあたり1円近くにも低下するので非常に低コストの電源で効率的である。しかし操業度について非常に高い不確実性が発生するのならば、電源としての原発の経済的価値は低下せざるをえない。他の電源も日本は地政学的なリスクに直面しているので、コストが安定しているわけではない。かつてはウラン資源は地政学的リスクは比較的低いとされてきた。しかし現状のように原子力の社会的受容性に多くの議論がある時はいつ原発の操業度が低下されるかもしれないという不確実性が増大している。今や他の代替電源と比較し安定的な電源の確保という視点から原発のオプション価格を見極めていく必要がある。

　こうした原子力発電の持つ特性の上に立った場合、電力システム改革による電力市場の自由化は、原子力発電の持続性を著しく困難にする。改革のやり方によっては、脱原子力政策ではなく電力システムの設計ミスの結果として原子力発電事業が立ち行かなくなり、国民の選択によらない形で国民経済に打撃を与える可能性がある。以下、少しその構造を見てみよう。

　まず、電力自由化の範囲が広がり、競争活性化政策がとられることによって、当然ながら原子力発電をはじめとする長期投資電源（石炭発電を含むベース電源）の収入（電気の価格水準と売れる量の積）に不確実性が生じる。また改革のスタイルによっては、例えば完全に発電・小売を異なる事業体に分離したようなケース（1990年の英国）[1]等では、安定した一定の量を作り続けるという原子力の特性が逆手にとられ、調整力の無さから買い叩きに遭う（原子力ディスカウント）という事例もあった。さらにもしも電力システ

---

[1] 発電・小売を異なる事業体に分離したようなケース（1990年の英国）：1990年の英国電力改革では、発電を火力2社、原子力1社、小売を配電12社＋新規参入者に完全に分割して単一価格プールを形成したが、原子力発電会社は自社グループとの相対契約先を失った結果、小売各社から買い叩きに遭い、収益が大幅に低下したため、政府は別途救済策を講じることとなった。

第7章
原子力発電とシステム改革

ム改革による市場の不確実性以外に、安定して運転できるはずの原子力が政治的な判断で稼働できなくなる近年の日本やドイツのような事例があれば、その不確実性は格段に大きくなる。

7-2-2 自由化諸国の工夫

こうした自由化との両立の難しさから、電力システム改革の先行地域である欧州や米国では、政治的な反原子力運動による原子力発電の縮小を除けば、多くの国・地域で既存プラントの持続性を確保し、一部の国では新設の原子力プラントも建設されるような政策的な枠組みが作られている。例えば、欧州の原子力発電所は、既設プラントについてはフランスのEdF、ドイツのRWE、E-on等、国営公社の信用力を持つ企業か巨大な小売市場を持つ企業に所有されており、電力取引でも取引所取引、場外取引（OTC）共に長期の相対契約市場が成立しているため、健全に発電を続けている。またノルドプール内のフィンランドでは新規プラントの建設が進んでおり、英国では

図表7-1 ストランデッドコスト

■ 政策の変更（規制緩和など）によって、それまでに実施した設備投資投下資金の回収が困難になることがあり、その回収不能の資金をストランデッドコストという。

■ (例) 米国では原則として電気事業者のストランデッドコストを電気料金に上乗せして回収することを電力自由化州で認めている。

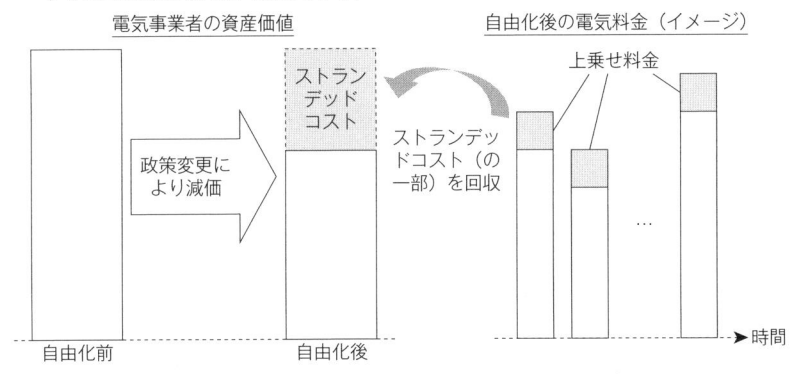

電気事業者の資産価値　　　　　自由化後の電気料金（イメージ）

自由化前　→　政策変更により減価　→　自由化後（ストランデッドコスト）　→　ストランデッドコスト（の一部）を回収　→　上乗せ料金　→　時間

（出所）2013年3月19日公益事業学会政策研究会シンポジウム資料，草薙真一。

2013年に再生可能エネルギーと同列の、政府よって市場価格との差が35年間補塡される長期価格保証制度（CfD）が新設され、EdF等との間で2基の着工が合意されている。

一方、米国は1996年に原価ベースでの託送を電力会社に義務づけたFERC ORDER888の後、各州で電力自由化が進んだが、その際に、競争移行措置として電力会社の事業用設備の時価・簿価調整（競争価格で逆算した事業資産が会計上の簿価よりも安くなる格差を補塡すること）を行い、不足分をすべての小売顧客からストランデッドコストとして回収できる制度を作った。図表7-1がその構造を示したものであるが、基本的な考え方は、政策変更によって生じた資産価値の差額を、必要な年数にわたって自由化の受益者であるその地域の電気のユーザーが使用量に応じて平等に負担するというものである。

これによって米国の自由化地域では、小規模電力会社が保有していた既存原子力発電所の多くが競争的な価格に簿価調整された上で、Exelon、Entergyといった大規模で多数の原子力発電プラントを持つ事業者に売却された。彼らは規模の経済と安全管理・補修スキルによって優れた運転成績を残し、自社グループの強みとして原子力を使い続けることとなった。さらに、原子力の新設については、信用力の小さい米国の電力会社向けに政府の債務保証制度が作られている。

7-3 わが国原子力発電のゆくえ

7-3-1 わが国電力システム改革と原子力

一方、わが国の電力システム改革は、電力システム改革専門委員会の場で明確に「原子力問題は扱わない」とされた点で、世界各国のシステム改革の議論の中では異例のものとなった。世界各国の電力システム改革ではシステ

第7章
原子力発電とシステム改革

ム改革や電気事業の市場への移行の上での重要課題である原子力発電についての政策的枠組みが重要な論点となり、欧州の原子力の市場からの分断と国の関与強化、米国のストランデッドコスト回収による時価簿価調整やバックエンド費用の託送料回収ルールの確定等、場合によって電力システム改革の中核となることもあることを考えると、その違いがよく理解できる。

今次の電力システム改革の論点の中で、特に原子力発電の持続性にとって大きな意味・インパクトがあるのは、小売全面自由化と電力会社の分社化（法的分離）による電気事業の不確実性増大の可能性である。

電力産業は世界各国でいくつかの例外を除くと発電・送電・配電・小売の統合的な金融市場での信用を元にして資金調達をし、原子力や石炭火力のような長期投資電源を行っている。わが国の場合も、安全対策への投資も含めて原子力事業が一貫して継続できた背景には、電力会社の財務的一体性と、料金規制部分（2014年時点で言えば低圧顧客の小売事業と送配電事業）の長期的安定性がある。こうした点を勘案し、例えば原則全面自由化を伴う米国の電力システム改革については持ち株会社による資金調達の継続性（信用供与の維持）が電力システム改革の目的のひとつとされ、欧州でもITO化によって送・配電部門の配当を会社本体に持ち帰ることを妨げない、という基本ルールが確立されている。

その点から言えば、電力システム改革と原子力事業にかかわる政策は、その金融面を担保する堅牢な整合性が求められる。

7-3-2 わが国原子力発電の持続性確保の条件

発送電分離だけが原子力の持続性確保のリスクではない。前述したように原子力発電が事業として持続可能であるためには、長期にわたる運転期間中の不確実性の除去も不可欠である。運転にかかわる許認可制度の透明性、政治リスクによる運転停止への金銭的補償の制度化も当然必要となる上、たとえ発生確率が小さくても、巨大事故のリスクに対する手当が十分でなければ、既設・新設含めて原子力プラントに市場からファイナンスがつくことは難し

い。すなわち、電力システム改革、という不確実性に富んだ構造変化が原子力発電に与える影響は複合的であり、それへの対処が統合性をもって設計されなければ、既設・新設ともたとえわが国にとって原子力発電が不可欠なものだという国民の合意があったとしても、原子力の生き残りは困難を極める。

どのようなリスク対応策が必要かという点について、例えば、今般の福島第一原発事故で問題が表面化した原子力損害賠償に関しては、2013年11月14日に21世紀政策研究所・原子力損害賠償・事業体制検討委員会から意見書 http://www.21ppi.org/pdf/thesis/131114_02.pdf が出されている。

意見書では、今後わが国で原子力発電事業を持続させるには、福島第一原発事故によって顕らかになった原子力の①事故リスク、②政策・規制の事後的変更リスク、③技術的な難しさ（主にバックエンドリスク）の負担について、適切な制度設計が必要である、とした上で、新たな原子力賠償制度の創設を提案している。現行の枠組みでは、賠償責任は東電のみに集中しているが、提案された新たな制度は他国の例を引き合いに出しながら、国の責任を明示したものである。具体的には、国が補償給付を行う行政委員会を設置し、迅速な補償を行うこと、補償の対象となる損害の範囲を画定し、公平な補償を行うこと、事故を起こした事業者の無過失・有限責任と、その一方で、他の原子力事業者との相互扶助制度の設立および国の責任範囲を決定し、リスク分担を明確にすること等の提案がなされている。現行の原賠法の課題を法的観点から詳細に分析した上で提言されたこの意見書は、制度のあり方について有益な示唆を与えるものと言えるだろう。

7-3-3　国民的選択に向けて

一般に原子力政策の決定には、以下のような原子力事業（継続）のメリット、デメリットを考慮する必要があろう。

わが国は、資源小国であり、化石燃料を輸入に頼らざるをえない。化石燃料への依存度が高い状態は、輸入価格の高騰による経済的リスクだけでなく、地政学リスクの顕在化によって、エネルギー危機に陥るセキュリティーリス

第7章
原子力発電とシステム改革

クも抱えているということである。原子力はこれらのリスク低減に最も貢献するエネルギーであることは疑いない。

一方で、わが国は唯一の被爆国であり、元々国民に原子力（放射能）へのアレルギーがあり、今般の事故により、原子力への抵抗感はさらに強まっている。事故が起こった時の経済的負担や、潜在的なバックエンドのコスト（増分）も原子力事業維持・継続のコストになる。

民主主義のわが国では、国民がより優位と考える政策を選択し、その付託を受けた政治家が実行することが望ましい。そして、その選択は正確で豊富な情報と正当な便益／コスト、外部経済・不経済とリスクのバランスの上に立ったものでなくてはならない。そして、仮に原子力発電が国民の選択として必要なものとされた場合も、それを保持する枠組みが電力システム改革の中で整合的に組み立てられていなければ、結果的には例えば事故リスクへの備えやファイナンス面の困難から原子力発電事業の継続は事実上不可能となる。その点は電力システム改革を論じる際の重要なポイントである。

▶ **あ と が き** ◀

　東京電力福島第一原子力発電所の事故以降、民主党政権下で始まった電力システム改革が自公政権に引き継がれ、2013年11月に電気事業法改正案が国会で成立する形でその第一段階が始まった。電力システム改革の議論は、当初純粋に経済・技術的な観点から開始されたのではなく、事故後の反電力会社的な感情的な世論やそれに呼応した政治的な動機に導かれているのではないかと思われる状況の下で進められた。また、政府の電力システム改革専門委員会の場での議論は、その検討の視座や裏打ちとなっている経済学的理論について多様性や実証性を欠く場合があり、また諸外国の自由化経験についての理解や現実の組織・技術への踏み込み方についても十分ではなく、さらには原子力問題の取り扱いとの整合性の検討は全くなされていないという問題があった。

　こうした状況認識の下、特定非営利活動法人国際環境経済研究所では、今後の経済社会に極めて大きな影響を与える電力システム改革をより多面的・現実的な切り口から分析・議論し、電力ユーザーの利益が最大化するための改革はどうあるべきかについての考察を行って情報発信する活動を始めた。それが電力改革研究会による多数の論考である。この研究会には、多くの研究者や実務家が参加し、さまざまな論点に関しての考察を重ねてきた。

　その当時、公益事業学会でも同様の問題意識から政策研究会を構成して、電力改革研究会での検討と類似した論点に関しての研究を積み重ねてきており、国際環境経済研究所所長である筆者もその研究会に参加させていただいた。2013年3月に行われた同学会政策研究会の成果発表会の会場において、電力改革研究会の論考集を冊子として配ったところ、その会場に参加されていた多くの方の関心を呼んだことがきっかけとなって、今回の公益事業学会と国際環境経済研究所共同での出版の話が進み始めた次第である。

　こうした経緯や両方の組織の性格からも言えることだが、この著作の目的は、ある特定の政策的ポジションを取ったり提言したりすることにはない。

むしろ、電力システム改革とはどのようなものか、またそれが電力ユーザーにとって最適なものになるためにはどのような条件を満たしていけばいいのか、またそのためにはどのような諸外国での経験に学ぶべきなのかなどについて、読者に事実やデータに関する情報提供を行うとともに、さまざまな視座や論点を整理することによって、読者自身がこの問題について主体的に考えていただけるように編集したつもりである。さらに、本書で示された論点や論考は、現在もまだ議論が続いている電力システム改革の詳細設計にも深く関連していることから、その検討の場における論議の対象となるような材料を本書が提供することができれば望外の幸せである。

2014年12月

特定非営利活動法人　国際環境経済研究所

所長　澤　　昭　裕

▰ **執筆者紹介**（執筆順）

西村　陽（にしむら　きよし）　第1章、第6章、第7章第1節
　最終学歴：一橋大学経済学部卒業
　現　　職：関西電力株式会社お客さま本部部長・早稲田大学先進グリッド研究所研究員
　業　　績：『電力改革の構図と戦略』（エネルギーフォーラム、2000年）
　　　　　　『エナジー・エコノミクス』（共著、日本評論社、2002年）
　　　　　　『電力のマーケティングとブランド戦略』（共著、電気新聞、2003年）
　　　　　　『にっぽん電化史』（共編著、電気新聞、2005年）

井手秀樹（いで　ひでき）　第2章第1節
　最終学歴：神戸大学大学院経済学研究科博士課程修了
　現　　職：慶應義塾大学名誉教授
　業　　績：『次世代のエコカー「天然ガス自動車」―ポスト・フクシマの選択』
　　　　　　（エネルギーフォーラム、2013年）
　　　　　　『日本郵政― JAPAN POST』（東洋経済新報社、2015年）

矢島正之（やじま　まさゆき）　第2章第2節
　最終学歴：国際基督教大学大学院行政学研究科修了
　現　　職：一般財団法人電力中央研究所研究アドバイザー
　主要業績：『電力市場自由化』（日本工業新聞社、1994年）
　　　　　　Deregulatory Reforms of the Electricity Supply Industry（1997）, Quorum Books: Westport, Connecticut・London
　　　　　　『電力改革―規制緩和の理論・実態・政策』（東洋経済新報社、1998年）
　　　　　　『世界の電力ビッグバン』（東洋経済新報社、1999年）
　　　　　　『エネルギー・セキュリティ』（東洋経済新報社、2002年）
　　　　　　『電力改革再考』（東洋経済新報社、2004年）
　　　　　　『電力自由化に勝ち抜く経営戦略』（エネルギーフォーラム、2005年）
　　　　　　『電力政策再考』（産経新聞出版社、2012年）

後藤美香（ごとう　みか）　第2章第2節
　最終学歴：名古屋大学大学院経済学研究科博士課程修了、博士（経済学）
　現　　職：東京工業大学大学院社会理工学研究科教授
　業　　績："Data envelopment analysis for environmental assessment: Comparison between public and private ownership in petroleum industry," *European Journal of Operational Research*（with Toshiyuki Sueyoshi), Vol.216, Issue 3, February 2012

戸田直樹（とだ　なおき）　第2章第3節・第4節、第4章第2節・第4節
　最終学歴：東京大学工学部卒業
　現　　職：東京電力株式会社経営企画本部系統広域連携推進室副室長
　論　　文：「電力市場が電力不足を招く、missing money 問題（固定費回収不足問題）にどう取り組むか」（共著、国際環境経済研究所、2013年）

岡本　浩（おかもと　ひろし）　第2章第4節、第6章
　最終学歴：東京大学大学院工学系研究科電気工学博士課程修了
　現　　職：東京電力株式会社技術統括部長兼経営企画本部系統広域連系推進室長
　業　　績：『電力系統の最適潮流計算』（共著、日本電気協会、2001年）
　　　　　　『Dr. オカモトの系統ゼミナール』（共著、日本電気協会、2008年）
　　　　　　『スマートグリッド学』（共著、日本電気協会新聞部、2010年）

南部鶴彦（なんぶ　つるひこ）第3章第1節
最終学歴：1973年東京大学大学院経済学研究科博士課程満期退学
現　　職：学習院大学名誉教授
業　　績：『エナジーエコノミクス』（共著、日本評論社、2002年）
　　　　　『電力自由化の制度設計』（編著、東京大学出版会、2003年）
　　　　　"The Dynamics and Distribution of the Area Price in the Nord Pool," *Journal of Economic Integration and Coordination* (with Takaaki Ohnishi), Vol.5, Issue2, March 2010
　　　　　「電力事業の競争と規制政策（Ⅰ）」『学習院大学経済論集』（第51巻第1号、2014年4月）

服部　徹（はっとり　とおる）第3章第2節
最終学歴：筑波大学大学院ビジネス科学研究科博士課程修了、博士（経営学）
現　　職：電力中央研究所・社会経済研究所上席研究員
主要業績："Determinants of the Number of Bidders in the Competitive Procurement of Electricity Supply Contracts in the Japanese Public Sector," *Energy Economics*, Vol.32, Issue 6, November 2010, pp.1299-1305.

野村宗訓（のむら　むねのり）第4章第1節
最終学歴：1986年、関西学院大学大学院経済学研究科博士課程修了
現　　職：関西学院大学経済学部教授
主要業績：『エナジー・ウォッチ』（同文舘出版、2012年）
　　　　　『規制改革30講』（共編著、中央経済社、2013年）
　　　　　『官民連携による交通インフラ改革』（共著、同文舘出版、2014年）

小笠原潤一（おがさわら　じゅんいち）第4章第3節
最終学歴：青山学院大学大学院国際政治経済学研究科修了（国際経済学修士）
現　　職：一般財団法人日本エネルギー経済研究所化石エネルギー・電力ユニット電力グループマネージャー・研究主幹
業　　績：「日・米・欧における電力市場自由化の進展状況とその評価」（日本エネルギー経済研究所、2005年）
　　　　　「米国2005年エネルギー政策法の電力分野での適用状況」（日本エネルギー経済研究所、2006年）、他

竹内純子（たけうち　すみこ）第5章
最終学歴：慶應義塾大学法学部卒業
現　　職：NPO法人国際環境経済研究所理事・主席研究員、21世紀政策研究所研究副主幹、産業構造審議会産業技術環境分科会地球環境小委員会委員
業　　績：「新たな原子力損害賠償制度の構築に向けて」（21世紀政策研究所、2013年）
　　　　　「原子力事業環境・体制整備に向けて」（21世紀政策研究所、2013年）
　　　　　『誤解だらけの電力問題』（WEDGE出版、2014年）、他

澤　昭裕（さわ　あきひろ）編者、第7章第2節・第3節

▰ 編者紹介

山内弘隆（やまうち　ひろたか）
　最終学歴：慶應義塾大学大学院商学研究科博士課程単位取得退学
　現　　職：一橋大学大学院商学研究科教授
　業　　績：『公共の経済・経営学―市場と組織からのアプローチ』（編著、慶應義塾大学出版会、2012年）
　　　　　　『運輸・交通インフラと民力活用― PPP/PFI のファイナンスとガバナンス』（編著、慶應義塾大学出版会、2014年）

澤　昭裕（さわ　あきひろ）
　最終学歴：プリンストン大学ウッドロー ウィルソン行政大学院修了、行政学修士
　現　　職：NPO 法人国際環境経済研究所所長
　業　　績：『エコ亡国論』（新潮新書、2010年）
　　　　　　『精神論ぬきの電力入門』（新潮新書、2012年）

▰ 電力システム改革の検証
　開かれた議論と国民の選択のために

▰ 発行日――2015年4月16日　　初　版発行　　　　〈検印省略〉
　　　　　　2015年9月16日　　第2刷発行

▰ 編　者――山内弘隆・澤昭裕
▰ 発行者――大矢栄一郎
▰ 発行所――株式会社　白桃書房
　　　　　〒101-0021　東京都千代田区外神田5-1-15
　　　　　☎03-3836-4781　🅕03-3836-9370　振替00100-4-20192
　　　　　http://www.hakutou.co.jp/

▰ 印刷・製本――松澤印刷

© H. Yamauchi & A. Sawa 2015　Printed in Japan
ISBN978-4-561-86049-5 C3033

本書のコピー、スキャン、デジタル化等の無断複製は著作権法上での例外を除き禁じられています。本書を代行業者の第三者に依頼してスキャンやデジタル化することは、たとえ個人や家庭内の利用であっても著作権法上認められておりません。

JCOPY 〈(社)出版者著作権管理機構委託出版物〉
本書の無断複写は著作権法上での例外を除き禁じられています。複写される場合は、そのつど事前に、(社)出版者著作権管理機構（電話 03-3513-6969、FAX 03-3513-6979、e-mail：info@jcopy.or.jp）の許諾を得てください。

落丁本・乱丁本はおとりかえいたします。

好評書

公益事業学会編
日本の公益事業　　　　　　　　　　　　　　本体価格 2900 円
　　―変革への挑戦

岸井大太郎・鳥居昭夫編著
情報通信の規制と競争政策　　　　　　　　　本体価格 4500 円
　　―市場支配力規制の国際比較

藤原淳一郎・矢島正之監修
市場自由化と公益事業　　　　　　　　　　　本体価格 4000 円
　　―市場自由化を水平的に比較する

金子林太郎著
産業廃棄物税の制度設計　　　　　　　　　　本体価格 3500 円
　　―循環型社会の形成促進と地域環境の保全に向けて

日本交通学会編
交通経済ハンドブック　　　　　　　　　　　本体価格 3300 円

―――――――東京　**白桃書房**　神田―――――――

本広告の価格は本体価格です。別途消費税が加算されます。